TANYALI FENXI LILUN YU FANGFA

碳压力
分析理论与方法

刘金朋　魏德林　郭　霞

潘　月　孙晨思　孙思源　　著

U0230882

中国电力出版社
CHINA ELECTRIC POWER PRESS

内 容 提 要

本书结合"双碳"发展指引及分行业、分地区发展分析，引入碳汇理念，提出"碳压力"概念。

本书共分十章，分别是碳压力及相关概念、碳压力典型研究与成果、碳压力计量分析方法与应用、碳压力集聚性效应分析方法与应用、碳压力异质性效应分析方法与应用、碳压力影响因素驱动效应分析方法与应用、碳压力影响因素解耦分析方法与应用、碳压力预测分析方法与应用、碳压力调节优化路径与建议、总结与展望。

本书可供碳排放研究相关人员，分行业、分地区碳排放制定与管理人员，碳排放计量与政策研究相关人员，高校科研院所、政府机构、企业单位等相关人员学习使用。

图书在版编目（CIP）数据

碳压力分析理论与方法 / 刘金朋等著. —北京：中国电力出版社，2023.12
ISBN 978-7-5198-8584-7

Ⅰ. ①碳… Ⅱ. ①刘… Ⅲ. ①二氧化碳–减量–排气–研究–中国 Ⅳ. ①X511

中国国家版本馆 CIP 数据核字（2023）第 251366 号

出版发行：中国电力出版社
地　　址：北京市东城区北京站西街 19 号（邮政编码 100005）
网　　址：http://www.cepp.sgcc.com.cn
责任编辑：罗　艳　邓慧都
责任校对：黄　蓓　常燕昆
装帧设计：张俊霞
责任印制：石　雷

印　　刷：三河市万龙印装有限公司
版　　次：2023 年 12 月第一版
印　　次：2023 年 12 月北京第一次印刷
开　　本：710 毫米×1000 毫米　16 开本
印　　张：12.25
字　　数：215 千字
定　　价：98.00 元

前　言

为解决二氧化碳排放过多的发展问题，我国提出"2030 年碳达峰，2060 年碳中和"的发展目标，积极采取措施控制二氧化碳排放。在此背景下，"低碳"被视为经济可持续发展的关键和应对气候变化的有效方法，有效降低碳排放成为实现"双碳"目标的重要路径。随着绿色发展理念受到社会各界高度重视，我国每年在植被保护和恢复上积极投入，生态环境的稳定性逐渐恢复，土地荒漠化、水土流失、大气污染等问题得到有效控制。以森林、草原为代表的陆地生态系统因具有显著的固碳增汇能力，其缓解温室气体效应的作用日益凸显，碳失衡缺口不断缩小。因此，系统科学地将碳排放与碳吸收融合研究，能够提升碳排放发展解析的综合性与全面性。作为重要的研究方向，以碳压力为中心的研究画卷正在徐徐展开。随着"双碳"目标的深入落实，碳压力能够直观反映研究对象的减排增汇压力水平，可作为衡量行业与区域等对象减碳降压的方向标和指南针。

从我国全行业视角分析，六大高耗能行业碳排放量显著高于其他行业，且一直保持增长的发展趋势；从我国各区域视角分析，边界清晰的省域主体作为"双碳"目标落实的重要单元，各地区在自然资源禀赋、区划功能、经济发展水平、产业结构、能源结构、技术水平等方面均存在一定的差异性，导致其碳排放水平与碳汇吸收能力不尽相同。如何推进碳减排目标在行业层面、区域层面公平合理、科学有效分配，成为现阶段我国碳减排工作亟需解决的关键问题之一。在"双碳"目标的发展要求下，一方面，高耗能行业和省域主体作为实现"双碳"目标的重要组成，其是否能够按时完成减排任务，将直接影响"双碳"目标的实现；另一方面，我国目前减排压力仍然较大，植被面积不足导致绿色固碳能力仍需加强，碳源与碳汇的不平衡性仍然存在。为此，本书针对我国碳排放发展现状，在碳排放传统分析的基础上加入碳汇，提出碳压力的概念，并对其开展多层次深度解析理论与方法构建，为系统深入研究碳排放发展状态提供新视角。

本书共分为十章。第一章为碳压力及相关概念，介绍了碳与碳排放、碳汇、碳压力等相关概念，明确碳压力研究的意义及整体框架；第二章介绍了碳与碳压力相关研究发展情况，包括碳足迹与碳收支相关概念研究、碳压力演进特征相关研究、碳压力驱动效应相关研究等；第三章开展了高耗能行业与各典型省域碳压力测算分析，并深化总结碳压力发展演进特征；第四章从绝对集中度和相对集中度两个方面解析高耗能行业碳压力集聚情况，从全局空间相关性和局部空间相关性两个方面解析区域碳压力集聚情况；第五章深入分析了高耗能行业和各典型省域碳压力异质性特征，对高耗能行业进行特征分类，同时解析区域碳压力差异来源；第六章对高耗能行业及各典型省域碳压力影响因素进行了分解，并研究各影响因素驱动效应；第七章在高耗能行业及区域碳压力影响因素分解的基础上，对各影响因素解耦效应进行了测算分析；第八章结合碳压力解析研究，开展了高耗能行业与各典型省域年碳压力发展预测模型构建及应用分析；第九章阐释了碳压力调节优化典型案例，提出了碳压力调节优化路径与建议；第十章对全书内容及结论进行了总结，结合政策发展指引提出发展与研究展望。

本书聚焦我国碳排放发展现状，从高耗能行业和区域视角研究碳压力发展状态，层次化探究碳压力发展驱动因素及影响效应情况，为新形势下制定和实施差异性减排政策，高质量达成碳减排目标，实现低碳可持续发展提供借鉴。为碳排放相关政策制定机构、科研院所等相关研究人员、企业单位等技术与管理人员开展碳压力分析与管理提供参考。

本书属于研究性分析与总结，因编写团队水平有限，难免有不当及疏漏之处，敬请读者批评指正。

刘金朋

2023 年 12 月

目　录

第一章
碳压力及相关概念

第一节 碳 与 碳 排 放

碳是一种化学元素，也是地球上生命和生态系统的基本构成要素之一。本节将深入介绍碳的基本特性、不同形态的存在，以及碳排放对地球气候和生态平衡的影响。

一、碳

碳是地球上最常见的元素之一，多以单质或化合物的形式存在，其中，以单质形式存在的碳有金刚石、石墨和 C60 等，而以化合物形式存在的碳有煤、石油、天然气、动植物体和二氧化碳等。

碳在自然循环中维持着生态平衡。碳循环主要是指碳元素在地球上的生物圈、岩石圈、水圈及大气圈中交换，其基本过程是大气中的二氧化碳被陆地和海洋中的植物吸收，然后通过生物或地质过程以及人类活动，又以二氧化碳的形式返回大气中，过程中包括光合作用、呼吸作用、化石燃料燃烧等，是维持生态平衡和稳定气候的关键。

碳在人类社会中维系着生命、能源和环境之间的复杂联系。二氧化碳作为碳的有机化合物，能吸收红外线并将其转化为热量，使得大气整体温度升高导致全球变暖，从而造成地球极端天气灾害频发，生物多样性受影响严重，给人类社会带来严重的不利影响，其排放与人类活动密切相关，因而，为了应对气候变化带来的影响，减少碳排放、寻找绿色清洁替代能源成为主要目标。

二、碳排放

1. 碳排放的内涵

广义上，碳排放是指由人类活动产生的二氧化碳（CO_2）和其他温室气体释放到大气中的过程，是衡量人类活动对温室效应和气候变化贡献的一种指标。

2. 碳排放的主要来源

碳排放主要来源于能源开采与使用、交通运输、工业生产等。此外，土地利用变化（如森林砍伐和土地转换）会导致吸收 CO_2 减少，从而影响碳排放总量。

（1）能源开采与使用。随着工业革命的兴起，人类社会开始广泛使用矿石、石油和天然气等化石燃料，这些能源的开采与使用所释放出二氧化碳（CO_2）、甲烷（CH_4）和其他温室气体排放到大气中，是最大的碳排放源之一。

（2）交通运输。随着城市化的快速发展，机动车辆的增多、航空旅行和货运的发展都增加了碳排放，交通运输领域的碳排放不仅加剧了气候变化问题，还对空气质量和公共健康构成了威胁，是碳排放的重要来源之一。

（3）工业生产。由于制造业的重要性，导致工业产品需求量巨大，其所需要的化石燃料产生大量 CO_2，例如水泥生产和钢铁冶炼等，在原料生产过程及工业生产过程都会产生温室气体。

（4）土地利用变化。由于土地利用变化的现状，导致过度的森林砍伐、土地开发和农业活动，从而减少 CO_2 的吸收量，加速全球气候变化。

3. 碳排放的主要影响

（1）全球气候变化。碳排放量增加是引发全球气候变化的主要原因之一。碳排放导致了大气中温室气体浓度的增加，这些气体能够吸收红外线并将其转化为热量，使得地球气温升高，造成地球散热变慢。

（2）海平面上升。随着全球气温升高，极地冰盖融化，海水膨胀，导致海平面上升，这对沿海地区构成严重威胁，可能导致海岸侵蚀、岛屿沉没和沿海城市淹没。

（3）生态系统崩溃。过量碳排放会导致全球气候变化，从而影响生态系统平衡，使许多生物栖息地受到威胁，导致物种灭绝风险增加，生态链受到破坏。

4. 量化碳排放

量化碳排放是理解问题的关键步骤。只有通过精确测量和监测碳排放，才能确定不同领域碳排放对生态系统产生的压力，这为制定和实施针对性减排措施、政策以及评估减排进展提供了基础。

目前，有多种方法和工具可用于量化碳排放，主要包括以下几种：

（1）碳核算。碳核算是用于计算个体、组织、城市、国家总碳排放的综合方法，它考虑了包括能源开采与使用、交通运输、工业生产、土地利用变化等造成的碳排放。

（2）空气质量监测。空气质量监测站用于测量大气中的温室气体，特别是二氧化碳、甲烷等，监测城市和地区的碳排放水平。

（3）森林清查。森林清查方法用于估算森林中的碳储量，以确定森林是碳的吸收源还是排放源。

（4）土地利用研究。卫星遥感和地理信息系统（Geographic Information System，GIS）技术可以用于监测土地利用变化，从而估算碳排放。

第二节 碳汇及主要形式

1992年，联合国气候变化框架公约对碳汇作出明确的定义，将"汇"定义为从大气中去除温室气体、气溶胶或其前体的过程、活动或机制，即能够吸收和储存二氧化碳（CO_2）等温室气体的过程、活动或机制。碳汇在地球系统中起着重要的作用，有助于减缓气候变化和缓解碳排放对环境带来的压力。具体来说，碳汇主要有以下几种形式：

一、森林碳汇

森林系统的生物量占总生物量的85%以上，并储存了陆地上90%的植物碳以及80%的土壤碳，森林作为最重要的碳汇之一，对于全球的碳循环起着至关重要的作用。

森林系统具有固定碳和释放碳两种属性，森林固定碳的过程是指植物吸收太阳的能量、树木生长发育和土壤碳的积累等；森林释放碳的过程则是指生物呼吸及分解、树木死亡、土壤碳的氧化及降解等。在此过程中，若森林固定的碳多于释放的碳则为碳汇，反之为碳源，而碳汇与碳源之间的差值，被称为净碳收支。若随着森林的自身结构变化，如资源的减少和植被的退化等，以及在人类的长期干扰破坏下，森林系统的固定碳功能衰退而使其逐渐成为碳源，将造成地球生态环境进一步恶化、温室效应加剧的恶性循环。

二、土壤碳汇

土壤是全球最重要的碳库之一，全球 $0\sim100cm$ 的土壤有机碳储量约为15000亿t，是大气碳库的2倍多、陆地生物质碳库的$2\sim4$倍，土壤有机碳储量约占世界碳储量总量的20%，是陆地上仅次于森林的第二大碳库。

土壤既可作为碳汇，也可作为碳源。土壤有机碳的碳输入方式主要为植物光合作用吸收 CO_2，并通过植物残体、根系和根系分泌物进入土壤；碳输出方式主要是微生物分解土壤中的有机碳，再以 CO_2 和 CH_4 等形式排放至大气。若输入的碳多于输出的碳则为碳汇，反之为碳源。

三、海洋碳汇

海洋总面积约为3.6亿 km^2，约占地球表面积的71%，约90%的碳（约40

万亿 t 碳当量，其中约 94%为海水中的溶解无机碳）储存在海洋中，海洋也是地球系统中最大的碳库，每年可吸收约 23%的由人类活动排放到大气中的二氧化碳。

海洋碳汇又称蓝色碳汇。2019 年，联合国政府间气候变化专门委员会（Intergovermental Panel on Climate Change，IPCC）发布的《气候变化中的海洋与冰冻圈特别报告》（Special Report on the Ocean and Cryosphere in a Changing Climate，SROCC）明确了海洋碳汇的定义，指出易于管理的海洋系统中所有生物驱动的碳通量及存量是海洋碳汇。2022 年，我国自然资源部批准发布的《海洋碳汇核算方法》（HY/T 0349—2022）将海洋碳汇定义为红树林、盐沼、海草床、浮游植物、大型藻类、贝类等从空气或者海水中吸收并存储大气中二氧化碳的过程、活动和机制。与其他碳汇相比，海洋碳汇具有固碳量大、效率高、储存时间长等特点。森林、草原等陆地生态系统碳汇储存周期最长只有几十年，而海洋碳汇可长达数百年甚至上千年，碳汇效果显著。因此，海洋碳汇不仅能降低大气中温室气体的浓度，减缓全球性气候变暖的进程，还是助力实现碳中和目标的重要手段。

海洋吸收二氧化碳的机制主要有以下几种：

（1）物理溶解。二氧化碳可以在海洋表面与水直接发生物理溶解反应。当 CO_2 气体接触到海水时，部分二氧化碳气体会溶解成溶解态的二氧化碳分子，形成溶解的碳酸。这是海洋吸收二氧化碳最直接的过程。

（2）生物固定。海洋中的浮游植物通过光合作用吸收二氧化碳，将其转化为有机碳并储存在体内。这些浮游植物是海洋食物链的基础，它们的生长需要二氧化碳。当浮游植物死亡或被食物链中的其他生物摄食后，它们的有机碳会沉积到海底，形成有机碳的储存。

（3）化学反应。海水中的二氧化碳可以发生一系列化学反应，其中包括碳酸盐的形成。当二氧化碳溶解在海水中时，它与水反应形成碳酸，并进一步转化为碳酸盐离子。这些化学反应能够将二氧化碳长期储存海洋中。

四、人工系统

人工系统如碳捕集与封存（Carbon Capture and Storage，CCS）技术和碳农业也可以被视为碳汇。CCS 技术将二氧化碳从工业排放中捕捉，然后将其封存在地下储存设施中，以防止其进入大气。碳农业措施，如改良农业土壤管理、植树造林等，通过增加土壤碳储量来实现碳汇效应。

碳汇通过吸收和储存大量的二氧化碳，减缓大气中温室气体的累积，减慢全球变暖的速度。保护和增强现有的碳汇，如森林保护、恢复退化土地和维护海洋生态系统，对于应对气候变化至关重要。

在碳中和目标和减排措施中，碳汇的角色被广泛关注。通过增加碳汇的容量和效率，可以吸收更多的二氧化碳来抵消碳排放，实现净零碳排放或负碳排放。因此，保护和管理碳汇是实现可持续发展和建立更健康环境的关键一环。

第三节 压力及相关表征

经济学领域的压力概念起源于金融压力，金融压力指数被用来测度金融市场的系统性风险。此后，学术界纷纷提出了资源环境压力、耕地压力、水资源压力、生态压力等概念，并进行了相关研究。

一、金融压力

金融压力是指金融风险形成、累积、转化和扩散的过程，是外部冲击和脆弱的经济结构结合生成的产物，在这个过程中，相关的经济状态从均衡转向失衡，又从失衡走向均衡，最后逐步扩散。当系统性金融风险增加时，金融压力会随之增加，导致经济下滑；而当金融压力达到极限时，就会导致金融危机。

金融压力指数是由一系列反映金融体系各个市场压力状况的指标合成的综合性指数，可以准确地反映和测度金融系统所承担的风险压力状况，金融压力指数数值越大，则金融压力也越大。具体表示为：

$$FSI = \sum_i Y_i \times \omega_i \qquad (1-1)$$

$$Y_i = \sum_j Zx_j \times \delta_{ij} \qquad (1-2)$$

式中：FSI 为金融压力指数；Y_i 为公共压力因子；ω_i 为公共压力因子的权重；Zx_j 为公共压力因子的指标；δ_{ij} 为公共压力因子的指标得分。

二、资源环境压力

资源环境压力是指在一定时期和一定区域范围内，由于人类为谋求自身发展等原因造成土壤、大气、水体资源的巨大消耗和生态环境的严重破坏，而对承载体施加的压力。资源环境压力值越大，资源环境面临压力越大。

资源环境压力指数是用来衡量一个区域的人口经济环境状况与该区域的资源状况的关系是否协调，可以反映区域资源环境压力状况，具体表示为：

$$REPI = \sum_i RPI_i \times \omega_{ri} + \sum_i EPI_i \times \omega_{ei} \qquad (1-3)$$

式中：REPI 为资源环境压力；RPI_i 为资源压力指标；EPI_i 为环境压力指标；ω_{ri} 为资源压力指标的权重；ω_{ei} 为环境压力指标的权重。

资源环境压力分为 5 个状态：0～20，低压状态；20～40，中低压状态；40～60，中压状态；60～80，中高压状态；80～100，高压状态。

三、生态压力

生态压力是指一个地区生态足迹与生态承载力的比值，该指数的大小可以衡量一个地区生态环境的承压情况及生态安全情况。其中，生态足迹是指在特定的技术条件下，在一定的地理范围内，生态环境为了生产人类所消耗的全部资源以及吸纳人类所产生的各种废弃物所需要的生物生产性土地（包括水域）的面积总和；生态承载力是指在一定的技术条件下，一个国家或者地区在维持生态平衡的前提下可以为人类提供的所有自然资源转换成生态生产性土地的最大面积。生态压力计算公式为：

$$EPI = \frac{EP}{EC} \qquad (1-4)$$

式中：EPI 为地区生态压力；EP 为地区生态足迹；EC 为地区生态承载力。

如果 EPI>1，表明该地区生态足迹比生态承载力大，生态压力大；如果 EPI=1，表明该地区生态足迹与生态承载力相等，生态环境处于平衡状态；如果 EPI<1，表明该地区生态足迹没有超过生态承载力，生态压力较小。

第四节　碳压力及研究意义

为研究碳排放给生态环境带来的压力，以区域能源消费碳排放量与区域碳汇能力（碳承载力）之间的比值为内容的碳压力概念被提出。作为衡量人类活动碳排放与生态环境承载力之间平衡关系的表征量，若碳压力值大于 1，表明碳排放量相对于生态系统的碳吸纳能力而言属于"超载"状态，碳压力过大，研究对象碳系统面临赤字压力；若碳压力值小于 1，表明碳排放量在其生态系统的可承载范围内，碳压力较小，研究对象对其他碳系统负作用较小；若碳压力值＝1，

则表明研究对象的碳排放量与其生态固碳能力相对持平，正处于"碳超载"的临界点。

作为较为前沿的研究概念，以碳压力为中心的研究画卷正在徐徐展开。目前，碳压力的相关研究主要以行业、区域为研究视角，以计量测算、时空演进和驱动效应为研究内容展开。随着"双碳"目标的深入落实，在生态系统碳汇能力被视为实现碳中和目标重要抓手的认知下，能够直观反映研究对象减排增汇压力的碳压力将可作为衡量区域与行业减碳降压的方向标和指南针。

本书结合现有碳压力研究，对高耗能行业与区域碳压力进行定义与研究。

一、高耗能行业与区域碳压力

碳压力由于考虑了环境碳汇能力这一相对因素，因而可以更全面地评估人类活动碳排放与自然环境之间的平衡关系。

针对高耗能行业视角，本书中的碳压力指高耗能行业能源消费碳排放量与碳汇能力之间的比值，反映高耗能行业的碳排放对我国整个生态系统碳平衡产生的负向作用力；针对区域视角，本书中的碳压力主要指区域能源消费碳排放量与区域碳汇能力（碳承载力）之间的比值，直接反映了区域生态环境面临的碳排放压力程度。

二、碳压力分析的研究意义

碳排放过量引起的全球气候变暖是全人类迫切需要解决的全球性问题，世界各国越来越重视气候变化治理，因此，我国基于推动构建人类命运共同体的责任担当和实现可持续发展的内在要求提出"双碳"目标。促进高效碳减排和绿色转型是实现"双碳"目标的关键，随着绿色发展理念的兴起，我国每年在植被保护和恢复上投入大量资金，森林资源面积在过去十年增长超过 7000 万 hm^2（$1hm^2 = 10000m^2$）。生态环境的稳定性逐渐得以恢复，土地荒漠化、水土流失、大气污染等问题得到有效控制。以森林、草原为代表的陆地生态系统因具有显著的固碳增汇能力，其缓解温室气体效应的作用日益凸显，碳失衡缺口不断缩小，同时，当绿色植被具有很强的碳吸收能力时，系统、全面地将碳排放与碳吸收结合起来尤为重要。

高耗能行业作为产业链的关键环节，是当前我国巨大的能源消费者和 CO_2 排放者，在"双碳"目标的实现中起着至关重要的作用。边界清晰的省区主体作为"双碳"目标的重要单元和研究对象，各地区在自然资源禀赋、区划功能、经济发展水平、产业结构、能源结构、技术水平等方面均存在较大的差异性，导致其碳排放水平与碳汇吸收能力不尽相同。如何推进碳减排目标在区域层面公平合理、科学有效分配，成为现阶段我国碳减排工作亟需解决的关键问题。因此，本书考虑了碳排放和碳吸收的双重效应，基于高耗能行业和区域双视角，开展碳压力相关研究，为我国政府制定差异化的行业、区域碳减排效率提升战略提供有力的理论支撑，对于促进我国"双碳"目标的实现具有重要意义。

第五节 碳压力分析研究内容

在全球气候变暖、我国碳排放持续增长以及"双碳"目标的多重背景下，高耗能行业作为我国碳排放的主要来源，边界清晰的省区主体作为"双碳"目标的重要单元和研究对象，其对于实现"双碳"目标的战略地位极其重要。本书从高耗能行业和区域视角出发，在碳排放的基础上，考虑加入碳汇，研究高耗能行业及区域碳压力演进特征、集聚性、异质性、影响因素驱动效应及解耦情况、未来预测情况，综合考虑六大高耗能行业及典型省市（由于数据缺失，本书未分析西藏自治区，香港特别行政区、澳门特别行政区，台湾地区）各自发展特点，为高耗能行业及区域碳减排提供思路，为国家"双碳"目标的实现增添助推力。本书的研究框架如图 1－1 所示。

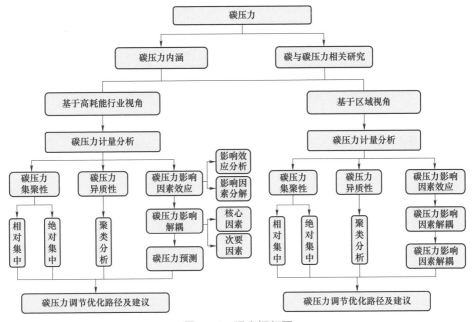

图 1－1 研究框架图

　　高耗能行业方面，首先，对其 2000—2021 年碳压力进行测算，基于测算结果，分别采用行业集中率（Concentration Ratio，CRn 指数）与赫芬达尔—赫希曼指数（Herfindahl-Hischman Index，HHI 指数）指数、聚类分析，对碳压力空间集聚性及异质性进行分析。其次，基于经验模态分解法（Empirical Mode Decomposition，EMD）分析高耗能行业碳压力影响因素作用效应特征，基于 KAYA 等式和对数平均迪氏指数分解法（Logarithmic Mean Divisia Index Method，LMDI）的碳压力影响因素分解分析模型，将其分解为排放强度（CE）、能耗强度（EI）、产业结构（GS）、经济规模（GP）和固碳规模（PCA）共 5 个因素，并结合我国不同时期的发展情况，阐释各因素对行业碳压力的影响作用机制，明确各影响因素对不同行业的作用方向和程度。然后，采用 Tapio 解耦模型分析六大高耗能行业的核心因素及次要因素对行业碳压力解耦的驱动贡献程度。最后，结合 STIRPAT（Stochastic Impacts by Regression on Population，Affluence，and Technology）扩展模型和环境库兹涅茨曲线（Environmental Kuznets Curve，EKC）模型，建立我国高耗能行业碳压力预测分析计量模型，运用情景分析法设定 3 种情景，对我国六大高耗能行业碳压力进行预测研究。

　　区域方面，首先，对其 2000—2021 年碳压力进行测算，基于测算结果，分别采用空间自相关模型、核密度估计、泰尔指数，对碳压力空间集聚性及异质性进行分析。其次，将区域碳压力影响因素分解为能源结构、技术进步、经济水平、人口集聚、植被碳固存能力 5 项指标。同时，结合莫兰指数衡量空间效应的存在，利用拉格朗日乘数（LM 检验）及 Wald 检验选择空间计量模型，对影响因素驱动效应进行分析。然后，采用扩展的 IPAT 解耦方法，从全国及各个区域两个维度，探究起主要驱动效应的影响因素与区域碳压力的解耦程度，并进一步明晰各区域所处解耦状态。最后，在前述碳压力演进趋势特征分析的基础上，构建长短时记忆神经网络（Long-Short Term Memory，LSTM）模型，对典型地区进行碳压力预测研究。

第 二 章
碳压力典型研究方法与成果

第一节　碳足迹研究方法与成果

一、研究场景情况

足迹家族是指由一系列足迹指标整合而成，用于评估人类活动造成的环境影响的指标系统，而碳足迹正是其中一员，用以衡量人类活动产生的温室气体对环境的影响。

二、主要研究方法

在衡量方式上，部分学者认为应直接衡量，也有学者认为应与以地区所能拥有的生态生产性土地总面积进行衡量的生态足迹保持一致，因此碳足迹概念的定义目前学界尚未达成一致，有学者以一项活动中直接和间接产生的二氧化碳排放量，或者产品的各生命周期阶段累积的二氧化碳排放量计算碳足迹；也有学者用吸收 1t 二氧化碳需要的林地或草地的面积表示碳足迹。尽管有学者试图通过将以二氧化碳排放量为衡量方式的碳足迹称为碳重量来统一研究理念，但就目前而言，选择碳重量单位还是土地面积单位为足迹界定标准的概念偏差仍然存在，且两种概念下的碳足迹具有完全不同的计算指标和方法，进一步导致了碳足迹相关研究结论上的偏差和难以比较性。

三、典型研究成果

迄今为止，国内外学者针对碳足迹的相关问题进行了大量研究，其研究尺度、研究视角、研究对象和研究方法多种多样。在研究尺度上，目前主要有以人为排放主体的个体及家庭，以生产为排放主体的产品、企业及行业，以地区为排放主体的城市、区域、国家等多个不同尺度的碳足迹计量与分析。在研究视角上，可以分为生产视角和消费视角。在研究对象上，除了直接碳足迹外，还引入了间接碳足迹。在研究方法上，常见的碳足迹研究方法主要有适用于产品、服务等微观视角的生命周期评价法（Life Cycle Assessment，LCA），适用于计算国家、地区、行业等宏观视角的投入产出法（Input-Output Analysis，IOA），适用于数据难以获取，且活动较为复杂的情形下的 IPCC 排放系数法（来源于《2006 年 IPCC 国家温室气体清单指南》）和适用于个人和家庭碳足迹核算的碳足迹计算器。

同样是衡量人类活动产生的温室气体对环境影响的指标，相较于碳压力，碳足迹的概念在研究成果更多、延展性更强的同时，在分析视角及核心主旨上与碳压力也多有交叉，如衍生出的碳足迹生态压力指数、碳足迹广度、碳足迹深度等，就与碳压力的概念相近。其中，碳足迹生态压力指数的概念为能源消耗碳足迹与生产性土地面积的比值；碳足迹广度的概念为碳生态承载力范围内各省份实际占用的生态生产性土地面积；碳足迹深度的概念为碳生态赤字背景下吸纳 1 年的碳排放量理论上所需占用的土地面积倍数。三者也可以一定程度上反映出人类活动碳排放对生态环境造成的压力。

尽管碳足迹及其相关概念与碳压力有一定的相似性，但基于碳足迹概念的压力衡量结果因碳足迹概念定义不同而缺少可比性。而碳压力概念由于内涵界定清晰，可以消解相关定义上的模糊性，能够促进研究结果的可比性提升，有助于使碳排放量和碳承载力平衡关系的定义内涵更加清晰，有利于促进该领域的学术对话，正逐渐为广大研究者们所使用。

第二节　碳收支研究方法与成果

一、研究场景情况

为将碳排放和植被碳汇放入统一分析框架来衡量人类活动与自然环境之间的状态及关系，碳收支（又称碳盈亏）应运而生。以二氧化碳当量作为计量单位，碳收支主要由碳源和碳汇两部分组成，碳源指向大气中释放温室气体的过程或活动，碳汇指从大气中清除温室气体、气溶胶或温室气体前体物的过程、活动或机制。碳源排放量和碳汇吸收量之间的差值即代表碳收支情况。当碳源少于碳汇时称为碳盈，研究对象对外表现为碳汇；当碳源多于碳汇时称为碳亏，研究对象对外表现为碳源；当碳源与碳汇相互抵消时，就称研究对象达到了碳收支平衡，也即碳中和。

二、主要研究方法

目前，针对碳收支的研究主要以测算为基础，国内外学者多从全球、国家、省域等区域的视角对碳源、碳汇及碳盈亏的时空格局、影响因素等方面进行探究。

三、典型研究成果

截至目前，关于碳收支的研究，多基于全球、国家、省域三视角。基于全球视角方面，全球碳项目（Global Carbon Project）发布题为《2022年全球碳预算》（Global Carbon Budget 2022）的报告，对2022年全球及区域化石燃料排放、2012—2021年陆地和海洋碳汇等展开了估算。同时，有学者分析研究全球和我国陆地碳汇的时空格局及其驱动因素，并论述了陆地碳汇对实现碳中和目标的重要性。此外，也有学者基于土地覆被变化观测资料与动态全球植被模型相结合的方法，研究全球森林碳汇呈增强趋势。基于国家视角方面，常见的有通过整合国家清查、生态系统模型模拟、大气反演等研究方法对我国陆地生态系统碳源/碳汇的时空格局演进进行分析。也有部分学者将清单调查与遥感数据相结合，利用降尺度技术对我森林植被碳汇的空间分布进行定量估算；基于省域视角方面，大多学者分析我国省级尺度区域的碳源、碳汇和碳盈余的空间格局特征，并在此基础上对主导不同时期影响碳盈亏的驱动因素进行测度。

从碳收支的角度描述人类活动碳排放与生态环境承载力之间的关系，能促进人们对当前区域的生态余量建立起一个清晰直观的认识，但是相较于碳压力而言，碳收支因区域间生态环境条件的不同而缺少一定的可比性，且难以应用于行业分析，因此其使用具有一定的局限性。

第三节　碳压力演进研究方法与成果

一、研究场景情况

碳压力测度是碳压力研究的基础之一，基于测度的结果，学者们对碳压力的演进特征进行分析。在碳压力测度方面，各研究的差异主要来自不同的测度对象。以区域为研究层级，碳压力有城市、省份、城市群、国家等多种测度对象，其中针对城市群的碳压力测度研究更受到学者们的重视；以行业为研究层级，碳压力有电力行业等各大行业单独分析和多个行业联合分析等测度对象，其中各大高耗能行业的碳压力测度是学者们研究的重点。在对研究对象进行测度的基础上，为进一步探究碳压力时间尺度下的演进趋势、空间尺度下的集聚及异质性等演进特征，学者们采用不同的研究方法开展针对不同对象的碳压力演进研究。

随着碳压力研究更加深入，学者们逐渐不满足于对单一的碳压力指标进行测度与演进特征分析，开始将碳压力和其他环境、经济指标结合起来进行测度、分析与评价，以对生态环境现状展开更深层次的探讨。未来，关于碳压力的研究将同碳相关研究一样，向交叉综合的领域不断深入。

二、主要研究方法

碳压力演进相关研究主要围绕时间尺度和空间尺度两方面开展，研究方法因不同的研究尺度和研究对象而区别。

在时间尺度上方面，除去基本的趋势分析手段外，还可以使用环境库兹涅茨曲线（EKC）、时间序列收敛分析等方法来研究。

在空间尺度上方面，对于区域而言，主要可以通过标准差椭圆、探索性空间数据分析（Exploring Spatial Data Analysis，ESDA）、地理加权回归（Geographically Weighted Regression，GWR）模型等方法分析空间集聚性，通过基尼系数（Dagum）、核密度估计等刻画碳压力的异质性与非均衡性特征。而对于高耗能行业，其空间尺度更多指碳压力空间的抽象尺度而非空间地理层面的具象尺度，主要可以通过 CRn 指数、HHI 指数刻画其集聚性特征，使用系统聚类、K–均值聚类等方法分析其异质性特征。

随着碳压力研究向外拓展，耦合度模型也被用于高耗能行业及区域碳压力的测度及演进分析中，其将单一的碳压力指标与其他环境、经济指标综合考虑，并进行评价分析。

三、典型研究成果

对于碳压力演进研究目前已有针对不同的研究对象的一系列研究成果，其中针对区域碳压力演进特征的研究成果较为丰富。

在行业碳压力演进特征方面，目前已有针对电力行业、旅游行业等方面的研究成果。其中较为典型的有针对我国电力行业碳压力的变化趋势和脱钩状态的研究、针对省域旅游行业碳压力指数的耦合评判与趋势测度研究。

在区域碳压力演进特征方面，目前的研究成果较为丰富且研究对象多样，主要可分为城市群、省域、国家等研究对象。其中较为典型的有对全国视野下的长江经济带城市碳压力分布特征，碳时空演进分异特征，碳压力、城镇化和产业结构三者耦合协调度测度及演进特征的研究；针对云南生态脆弱区的碳压力演进分析；以中国地级市碳压力测度为基础的全国、省、市层面的碳压力测

度及演进分析；针对陕西省的碳压力测度分析。

尽管目前碳压力演进研究的相关成果已较为丰富，仍有部分行业或区域的碳压力演进趋势缺少针对化的分析研究。未来，学者们将在不断提高研究精度、延长研究期、扩展研究对象的基础上加大碳压力演进研究的综合性和精确性，进一步丰富研究成果、助力碳中和进程。

第四节　碳压力驱动效应研究方法与成果

一、研究场景情况

驱动效应是碳压力相关研究的重要组成部分，对于相关政策的制定具有重要的参考及借鉴价值，是碳压力研究的重要目的。在研究对象上，碳压力驱动效应与碳压力测度及演进特征研究一脉相承，主要分为区域和行业两大类。在研究内容上，主要有关注单独或较少数量的特定因素的碳压力驱动效应分析和囊括多个因素的碳压力驱动效应分析等方向。

目前，碳压力驱动效应研究仍以多因素驱动效应分析为主。但随着碳压力相关研究更趋于深入化、综合化和精细化，与其他领域研究相连接的驱动机制分析也会逐渐增加，碳压力的研究视角将进一步地拔高与拓展。

二、主要研究方法

作为碳研究的分支，碳压力驱动效应同碳排放等的研究方法相似，其研究方法按所考虑的起驱动效应的影响因素的不同而大体分为两类。

针对多因素驱动效应分析，研究方法主要分为因素分解法和计量经济学方法两大类。因素分解法可将碳压力指标分解为若干影响因素以得到各因素对碳压力的驱动效应性质与相对驱动程度。因素分解法中常用的主要是对数平均迪氏指数分解法（Logarithmic Mean Divisia Index Method，LMDI）模型配合 KAYA 恒等式、IPAT 模型、STIRPAT（Stochastic Impacts by Regression on Population, Affluence and Technology）模型等方法。而计量经济学常以回归法为基础，使用影响变量来解释现有的碳压力时间序列，从而反映影响因素的驱动效应。计量经济学中常用的主要有地理加权回归模型、地理探测器模型、空间杜宾模型等方法。

针对特定因素驱动机制分析，主要研究方法主要有全局因子分析法、面板门槛模型、双向固定效应面板模型等。前者是以因子分析为基础的分解方法，能够对变量进行降维，提高数据的解释性和可读性；后两者是计量经济学的分支，其精度较高、可靠性较强但运算较为复杂。

三、典型研究成果

对于碳压力驱动效应研究目前已有针对不同的研究对象的一系列研究成果，其中碳压力多因素驱动效应分析的研究成果较为丰富。

在行业碳压力驱动效应方面，目前的研究主要以多因素驱动效应分析为主，研究对象主要有工业行业、全行业等。其中较为典型的有针对中国工业 38 个细分行业能源碳足迹生态压力驱动因素分解的研究；在行业压力分类基础上，对全行业能源碳足迹生态压力的驱动因素分析。

在区域碳压力驱动效应方面，目前的研究以多因素驱动效应分析为主。其中较为典型的有采用地理探测器模型的城市群碳压力驱动因素分析；以城市群为研究对象，结合空间聚类与 IPAT 分析的碳压力驱动因素分析；中国地级及以上城市碳压力驱动因素分解研究；以全球多个国家为研究对象的碳足迹压力测算与影响因素分析。

特定因素驱动机制分析主要以省市为研究对象，对于行业的碳压力驱动机制分析较少。其中较为典型的有以我国地级及以上城市的技术进步的资本 – 劳动偏向性及其高技能 – 低技能劳动偏向性对碳压力的驱动效应为主要内容的研究；针对我国区域碳压力同区域创新、环境规制之间的驱动效应机制分析的研究；基于中间性的方法和主成分分析法的能源 – 水 – 碳压力传递中心部门的压力传递效应研究。

目前，针对多因素驱动效应分析的碳压力相关研究成果已较为丰富，随着碳压力研究的不断深入化和精细化，针对特定因素驱动效应的研究也将进一步扩展，为碳中和目标的加速实现提供更为细致的政策参考。

第 三 章
碳压力计量分析方法与应用

第一节　碳压力计量分析思路

本章对高耗能行业和区域碳压力进行计量分析，并分析其演进特征。首先，梳理碳压力相关概念及计量分析方法，如碳足迹生态压力指数方法、碳赤字、碳补偿、碳足迹广度、碳足迹深度。然后，结合高耗能行业、区域特点及各方法优点，分别确定碳压力计量分析模型。最后，基于高耗能行业与区域计量分析模型，分别测算2000—2021年碳压力，并从时间维度、空间维度分析碳压力演进特征。碳压力计量分析研究思路如图3-1所示。

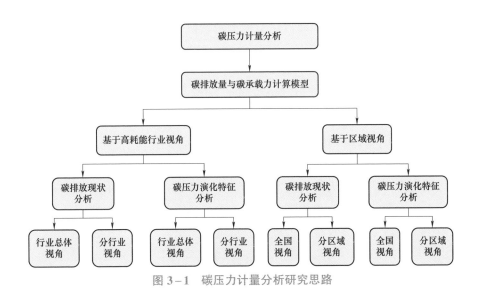

图 3-1　碳压力计量分析研究思路

第二节　碳压力计量分析方法与原理介绍

一、碳压力计量分析相关方法

碳压力是在生态压力的研究基础上衍生而来，主要是指区域能源消费碳排放量与碳吸收量之间的比值。相较于碳排放量这样的单维度指标，碳压力考虑了环境的固碳能力，可以更全面地评估人类活动碳排放与生态环境承载力之间的平衡关系。与碳压力相关的概念及相关指标计算方法如下。

1. 碳足迹生态压力指数

碳足迹生态压力指数主要用于衡量为弥补人类活动造成的碳足迹所需的生态资源，其定义与碳压力类似，是指能源消耗碳足迹与生产性土地面积的比值。其计算公式如下：

$$EP_{CFT} = \frac{CFT}{S} \qquad (3-1)$$

式中：CFT 为能源消耗碳足迹，t；S 为生产性土地面积，hm²；EP_{CFT} 为碳足迹生态压力指数，t/hm²。

2. 碳赤字

碳赤字是用于形容区域内化石能源消费碳足迹与化石能源消费碳生态承载力之间的关系，其定义为区域内化石能源消费碳足迹与化石能源消费碳生态承载力之差。当碳赤字大于 0 时，说明区域内存在一笔"生态欠账"。其计算公式如下：

$$CED = CFT - CES \qquad (3-2)$$

式中：CFT 为区域化石能源消费碳足迹，万 t；CES 为区域化石能源消费碳生态承载力，万 t；CED 为化石能源消费碳赤字，万 t。

3. 碳补偿

与碳压力所研究的人类对生态环境的影响不同，碳补偿主要以生态对人类的承载力为视角，用于衡量生态系统对人类活动碳排放的吸收能力，其定义为区域内生态系统中碳吸收总量占碳排放总量的比重，计算公式如下：

$$CCR = \frac{CI}{CT} \qquad (3-3)$$

式中：CCR 为碳补偿率；CI 为碳吸收总量，t；CT 为碳排放总量，t。

4. 碳足迹广度

碳足迹广度是指当年该区域所产生的碳足迹占用的固碳作用的土地面积，它体现的是一种流量的关系，其定义为在区域碳吸收承载力范围内，吸收当期区域碳排放所需占用的生态性面积，计算公式如下：

$$CEF_{r,j} = \min (CEF_j - CEF_j, 0) + CEC_j \qquad (3-4)$$

式中：CEF_j 为区域碳足迹规模，hm²；CEC_j 为碳生态承载力，hm²；$CEF_{r,j}$ 为碳足迹广度，hm²。

5. 碳足迹深度

碳足迹深度指碳赤字背景下，吸收当期碳排放需要消耗的碳汇情况。当期的碳排放量超过当期碳汇时，则需要动用碳汇存量；反之，则可利用当期碳汇吸收碳排放存量。因此，碳足迹深度体现的是流量与存量之间的关系，其定义为吸收当期碳排放需要消耗的碳汇比值：

$$\text{CEF}_{d,\,j} = 1 + \frac{\max(\text{CEF}_j - \text{CEC}_j, 0)}{\text{CEC}_j} \tag{3-5}$$

式中：CEF_j 为区域碳足迹规模；CEC_j 为碳生态承载力；$\text{CEF}_{d,\,j}$ 为碳足迹深度。

相较于碳足迹生态压力指数等其他相关概念，本书所采用的碳压力计算方法及计算过程相对简便，数据较易获取，便于推广，具有较强的实际应用价值。该方法将碳压力在计算上主要分为两个部分：碳排放量与碳承载力计算。

对于碳承载力的计算，本书主要关注陆地生态系统的固碳能力，主要指森林、草原、园林、耕地等不同土地结构的植物光合作用和化石燃料的沉积作用。由于耕地和园林所固定的碳会转换成果实被收割，短时间内就会被分解；而森林和草原为主要的碳汇，蓄碳量比例高达 93%。因此，本方法只考虑区域的森林与草原面积的碳承载力情况。

碳承载力计算公式和相关碳吸收系数主要参考谢鸿宇等研究的结果，如下：

$$\text{CA} = \left(\sum_{i=1}^{m} A_{1i} S_{1i} + \sum_{j=1}^{n} A_{2j} S_{2j} \right) / 0.93 \tag{3-6}$$

式中：CA 为在某一时间段，我国统计区域内森林、草原所能承受的人类经济活动产生 CO_2 的最大质量容量；m、n 分别为森林、草原区域数量；A_{1i} 为森林年均碳吸收能力系数；A_{2j} 为草原年均碳吸收能力系数；S_{1i}、S_{2j} 分别为森林、草原的面积。森林和草原年均碳吸收能力系数分别为 3.809592t/hm^2、0.949483t/hm^2。

二、高耗能行业碳压力计量分析方法

在计算出碳排放和碳吸纳能力的基础上，根据本书对碳压力的定义，可以设定高耗能行业碳压力（用 CEP 表示）的测算模型为：

$$\text{CEP} = \frac{C}{\text{CA}} \tag{3-7}$$

式中：C 为某一时段该行业的 CO_2 排放总量。

若 CEP>1，表明碳排放量相对于生态系统的碳吸纳能力而言属于"超载"状态，碳压力过大，单单一个行业就使得全国碳系统面临赤字压力；若 CEP<1，

表明碳排放量在其生态系统的可承载范围内，碳压力较小，此行业对全国碳系统负作用较小；若 CEP＝1，则表明该行业碳排放量与全国生态固碳能力相对持平，处于碳超载的临界点。

三、区域碳压力计量分析方法

承接上文对于碳压力概念的分解及计算，可以设定区域碳压力（用 CPI 表示）的测算模型为：

$$CPI = \frac{CE}{CA} \qquad\qquad (3-8)$$

式中：CE 为某一时段该区域的 CO_2 排放总量。

若 CPI＞1，表明该区域的碳排放量大于碳承载能力，该区域处于碳压力"超载"状态；若 CPI＜1，表明区域碳排放量在碳吸收能力的可承载范围内，区域碳生态系统尚有碳汇盈余；若 CPI＝1，则表明区域碳排放量与碳承载力相对持平，该区域的碳生态系统位于碳超载的临界点。

第三节　高耗能行业碳压力计量分析方法应用

一、数据来源

六大高耗能行业序列表见表 3－1，本节所用数据来源如下：

（1）2000—2021 年高耗能行业碳排放量，见附表 1。

（2）2000—2021 年全国森林及草原面积，见附表 2。

表 3－1　　　　　　　　　　　六大高耗能行业序列表

序号	行业
行业 1	石油加工、炼焦及核燃料加工业
行业 2	化学原料及化学制品制造业
行业 3	非金属矿物制品业
行业 4	黑色金属冶炼及压延加工业
行业 5	有色金属冶炼及压延加工业
行业 6	电力、热力的生产和供应业

二、高耗能行业碳排放现状分析

1. 高耗能行业总体碳排放现状分析

随着我国经济的快速发展以及化石能源消费的增加，我国自2006年成为主要的碳排放国后，碳排放量一直位居世界第一。2021年全球碳排放量增长速率减缓，能源消费碳排放量为33884.1百万吨（Million tonnes, Mt）。随着国民经济的快速增长，2021年我国能源消费碳排放量为10523.0Mt，较2020年上升5.9%，占世界的31.1%，减排任务面临着巨大的国际压力。本书选取2000—2021年高耗能行业碳排放量作为样本数据，并进行分析，高耗能行业总体碳排放量情况如图3-2所示。

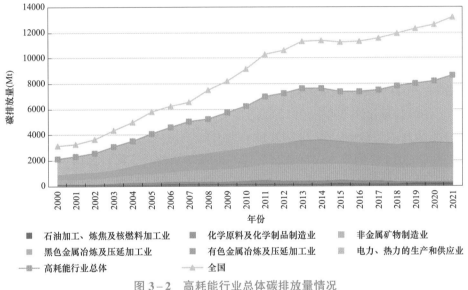

图 3-2　高耗能行业总体碳排放量情况

由图3-2可知，2000—2021年，我国碳排放总量呈现快速增长的态势，从2000年的3152.10Mt增长到2021年的13155.41Mt，高耗能行业变化趋势基本与全国碳排放总量变化趋势相同。我国高耗能行业碳排放总量在2000—2013年间整体上是增加的。从2001年开始，高耗能行业碳排放量增长速度显著提升，平均年增长速率达7.19%；2003年增长率最高，达18.40%。由于我国在此期间大规模的基础设施建设活动消耗了大量高能耗材料和电力，导致六大高耗能行业产生大规模的间接碳排放。到2013年，高耗能行业碳排放量已是2000年的3.57倍，达到一个阶段性的顶峰。2013年之后，我国高耗能行业碳排放总量基本保持相对稳定的水平，主要是由于这期间我国推进了循环经济和绿色增长等环境友好型政策，且取得了一些积极成效。2015 年，我国高耗能行业碳排放总量呈下降趋势，较前一年下降 1.35%。2016 年以后碳排放量又开始增加，2017—2021 年间呈小幅上涨，增长率分别为 2.21%、2.87%、3.26%、2.69%、4.38%。此外，我国高耗能行业总体碳排放量占全国碳排放量的比例较高，基本在 65% 以上，在 2007 年最高，达到了 76.88%。

2. 分行业碳排放现状分析

由于国民经济部门内部的差异性，六大高耗能行业每年的能源消费情况不一致，导致其碳排放量的结构比例也并不一致。分行业碳排放情况如图 3 - 3 所示。由图 3 - 3 可知，2000—2021 年，我国六个高耗能行业的碳排放量以及碳排放量波动趋势存在差异性，高耗能行业碳排放量的贡献率（占全国碳排放比例）也不尽相同。

从行业碳排放量趋势来看，六大高耗能行业中，石油加工、炼焦及核燃料加工业（行业 1）的碳排放在 2000—2013 年间基本保持较快增长，2013 年后上下波动，2021 年碳排放量最高，为 197.16Mt。化学原料及化学制品制造业（行业 2）的碳排放量在 2000—2015 年间基本保持波动上升，2015 年后波动下降，2015 年碳排放量最高，为 285.42Mt。非金属矿物制品业（行业 3）的碳排放量在 2000—2014 年间基本保持波动上升，2014 年后波动下降，2014 年碳排放量最高，为 1354.95Mt。黑色金属冶炼及压延加工业（行业 4）的碳排放量在 2000—2014 年间基本保持波动上升，2014 年后处于下降趋势，2018 年再次逐步上涨，2020 年碳排放量最高，为 1916.37Mt。有色金属冶炼及压延加工业（行业 5）的碳排放量在 2000—2009 年间基本保持较快增长，2009 年后上下波动逐步趋于平稳，2009 年碳排放量最高，为 70.74Mt。电力、热力的生产和供应业（行业 6）的碳排放量在 2000—2013 年间基本保持波动上升，2013 年后处于下降趋势，2016 年再次逐步上涨，2021 年碳排放量最高，为 5253.15Mt。

从行业碳排放占比来看，六大高耗能行业中，行业 1、行业 2、行业 5 占比较小，行业 3、行业 4、行业 6 占比较大。其中，行业 1 的碳排放量占全国碳排放量的比例基本在区间 [1.80%，2.60%] 内波动；行业 2 的碳排放量占全国碳排放量的比例趋于先波动上升再波动下降，最高为 4.51%（2007 年），最低为 1.26%（2021 年）；行业 3 的碳排放量占全国碳排放量的比例趋于先平稳后下降，最高为 19.38%（2004 年），最低为 13.22%（2021 年）；行业 4 的碳排放量占全国碳排放量的比例趋于先上涨后平稳，最高为 24.15%（2009 年），最低为 17.94%

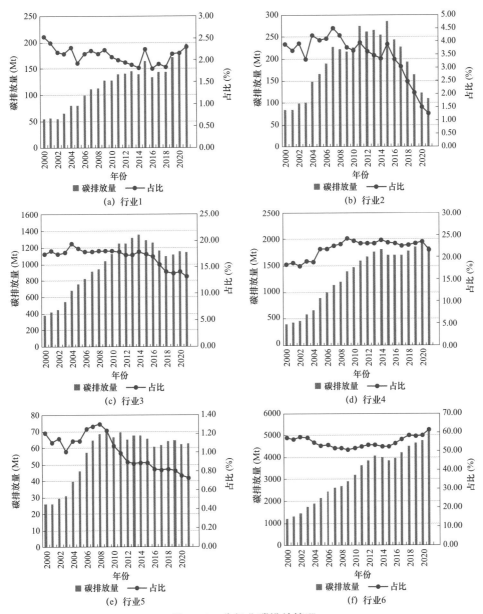

图 3-3　分行业碳排放情况

（2002 年）；行业 5 的碳排放量占全国碳排放量的比例趋于先上涨后下降，最高为 1.31%（2008 年），最低为 0.73%（2021 年）；行业 6 的碳排放量占全国碳排放量的比例趋于先平稳后上涨，最高为 61.00%（2021 年），最低为 50.53%（2009 年）。

三、高耗能行业碳压力演进特征分析

基于 2000—2021 年高耗能行业能源消费碳排放的现状以及森林和草原植被覆盖面积，运用式（3-6）和式（3-7），测算六大高耗能行业碳压力，下面分别从高耗能行业总体情况以及分行业情况分析其演进特征。

1. 高耗能行业总体碳压力演进特征分析

高耗能行业总体碳压力演进趋势如图 3-4 所示。

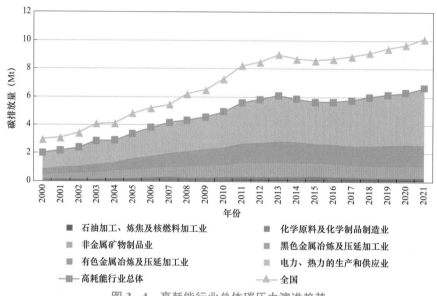

图 3-4　高耗能行业总体碳压力演进趋势

由图 3-4 可知，六大高耗能行业总体碳压力呈现先大幅度上涨，再小幅回落，然后波动变化的趋势。2001—2013 年，高耗能行业总体碳压力呈增加趋势；在此期间，自 2002 年开始，我国高耗能行业碳压力的增长幅度显著增大且呈现逐年攀升趋势，平均增长速率达 8.95%，2003 年增长率最高，达 19.94%，进入"高速成长"阶段。到 2013 年，碳压力已是 2000 年的 300.42%，达到一个阶段性的顶峰。2013—2020 年，我国高耗能行业碳压力总量基本保持在 6.0 左右的水平，进入"平稳发展"阶段。2021 年再次上升至 6.6。全国碳压力与全国高耗能行业碳压力趋势基本保持同步，高耗能行业碳压力构成全国碳压力的主要部分。

2. 分行业碳压力演进特征分析

由于国民经济部门内部的差异性，六大高耗能行业碳压力的变化趋势也不尽相同。分行业碳压力演进趋势如图 3-5 所示。

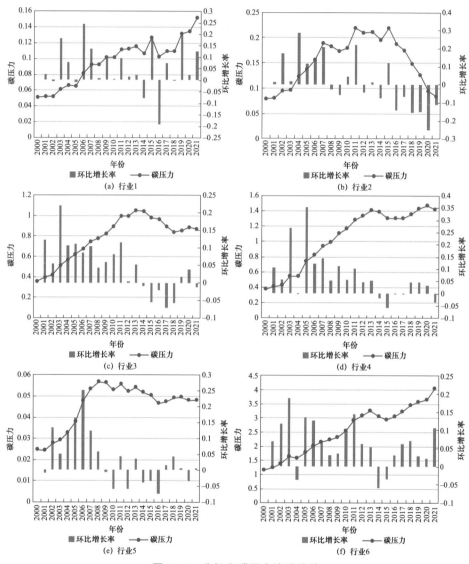

图 3-5　分行业碳压力演进趋势

2000—2021 年，行业 1 的碳压力先波动上涨，逐渐趋于平稳后又上涨，碳压力值处于 [0.05，0.16]；2000—2013 年间基本保持较快增长，2014—2018 年间呈上下波动逐步趋于平稳，2019 年后又开始上涨；2006 年的碳压力增长最快，增长率达 24.34%。行业 2 的碳压力先波动上涨，后逐渐波动下降，碳压力值处于 [0.07, 0.22]；2000—2015 年间基本保持波动上升，2015 年后波动下降；2004 年的碳压力增长最快，增长率达 28.48%，2020 年下降最快，变化率为 −25.21%。行业 3 的碳压力先波动上涨，后逐渐波动下降，碳压力值处于 [0.35, 1.06]；2000—2013 年间基本保持波动上升，2014 年开始波动下降；2003 年的碳压力增长最快，增长率达 21.89%，2017 年较 2016 年下降最快，变化率为 −7.26%。行业 4 的碳压力先波动上涨，然后短暂下降之后再次上涨，碳压力值处于 [0.36, 1.47]；2000—2014 年间基本保持波动上升，2014 年后处于下降趋势，2018 年开始再次逐步上涨；2005 年的碳压力增长最快，增长率达 35.20%，2015 年下降最快，变化率为 −5.82%。行业 5 的碳压力先波动上涨，后逐渐趋于平稳，碳压力值处于 [0.02, 0.06]；2000—2008 年间基本保持较快增长，2008 年后上下波动逐步趋于平稳；2006 年的碳压力增长最快，增长率达 25.12%。行业 6 的碳压力先波动上涨，然后短暂下降之后再次上涨，碳压力值处于 [1.14, 4.03]；2000—2013 年间基本保持波动上升，2013 年后处于下降趋势，2016 年开始再次逐步上涨；2003 年的碳压力增长最快，增长率达 18.88%，2014 年下降最快，变化率为 −5.88%。

根据上述演进趋势，六大高耗能行业演进特征可以分为三种类型：两阶段增长型、增长趋稳型、单峰型。

（1）两阶段增长型体现出显著的分段性质，在某时期达到一个阶段性的峰值后，再次以较高的速率继续增长。其中，石油加工、炼焦及核燃料加工业（行业 1）、黑色金属冶炼及压延加工业（行业 4）、电力、热力的生产和供应业（行业 6）是此类行业的代表。

（2）增长趋稳型是在某时期达到一个峰值后，行业碳压力围绕一个均值水平波动变化，逐步趋向稳定。有色金属冶炼及压延加工业（行业 5）表现出显著的增长趋稳型特征。

（3）单峰型是指在研究时间区间内行业碳压力在某一时期达到峰值，随后逐步下降。化学原料及化学制品制造业（行业 2）、非金属矿物制品业（行业 3）表现出显著的单峰型特征。

第四节　区域碳压力计量分析方法应用

一、数据来源

典型省域区域划分见表 3－2，本书所用数据及来源如下：

（1）2000—2021 年各区域碳排放量，见附表 3。

（2）2000—2021 年各区域森林面积和草原面积，见附表 4、附表 5。

表 3-2　　　　　　　　　典型省域区域划分

地区	覆盖省（区、市）
华北	北京、天津、河北、山西、内蒙古
东北	辽宁、吉林、黑龙江
华东	上海、江苏、浙江、福建、山东、安徽、江西
华中	河南、湖北、湖南
华南	广东、广西、海南
西南	重庆、四川、贵州、云南
西北	陕西、甘肃、青海、宁夏、新疆

二、区域碳排放现状分析

1. 全国总体碳排放现状分析

从碳排放量的历史数据中，选取 2000—2021 年全国碳排放量作为样本数据，并进行分析，全国总体碳排放量情况如图 3－6 所示。

由图 3－6 可知，2000—2021 年，我国碳排放总量呈现快速增长的态势，从 2000 年的 3181.61Mt 增长到 2021 年的 13155.41Mt，七大区域变化趋势基本与全国碳排放总量变化趋势相同。2001—2013 年，全国碳排放总量增长速度显著加快且呈现逐年攀升趋势，平均年增长速率达 10.30%，2005 年增长率最高，达 17.43%。到 2013 年，全国碳排放总量已达 11243.65 Mt，约为 2000 年的 353.39%，达到了一个阶段性高峰。2013 年之后，我国碳排放总量基本保持相对稳定的水平，主要是由于这期间内我国推进了循环经济和绿色增长等环境友好型政策，且取得了一些积极成效。2015 年，全国碳排放总量出现了自 2000 年来的首次下降,较前一年下降 1.35%。2016 年后全国碳排放总量又逐渐增加,但涨幅较小。2016—2021 年,全国碳排放总量增长率分别为 1.10%、2.21%、2.87%、3.40%、2.55%、4.38%。

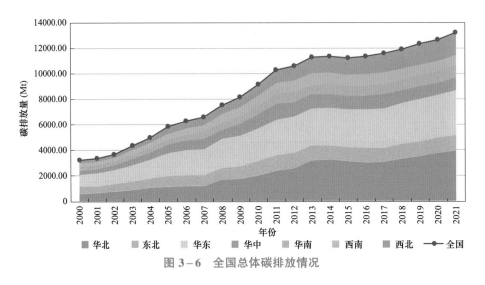

图 3-6 全国总体碳排放情况

2. 分区域碳排放现状分析

由于各区域经济、人口等差异性,各区域能源消费情况不一致,导致其碳排放量的结构比例也不一致。分区域碳排放情况如图 3-7 所示。由图 3-7 可知,2000—2021 年,我国七大区域的碳排放量以及碳排放量波动趋势存在差异性,七大区域碳排放量的贡献率(占全国碳排放比例)也不尽相同。

从区域碳排放量趋势来看,七大区域中,华北地区碳排放在 2000—2001 年间基本保持稳定,2002—2014 年间基本保持增长趋势,且增长速率逐年加快,2014 年到达阶段性峰值后开始下降,直至 2018 年,再次呈现增长趋势,2021 年碳排放量最高,为 3921.24Mt。东北地区碳排放在 2000—2012 年间基本呈现增长趋势,2012 年到达阶段性峰值后开始下降并趋稳,直至 2019 年再次增长,2012 年碳排放量最高,为 1201.91Mt。华东地区碳排放自 2000 年开始,基本呈现增长趋势,2021 年碳排放量最高,为 3542.94Mt。华中地区碳排放在 2000—2011 年间基本保持波动增长,2012 年后开始波动下降,2011 年碳排放量最高,为 1245.54Mt。华南地区碳排放自 2000 年开始基本呈现增长趋势,且增长速率逐渐加快,至 2011 年开始逐渐趋稳,2018 年后再次呈现波动增长趋势,2021 年碳排放量最高,为 977.27Mt。西南地区碳排放在 2000—2014 年间

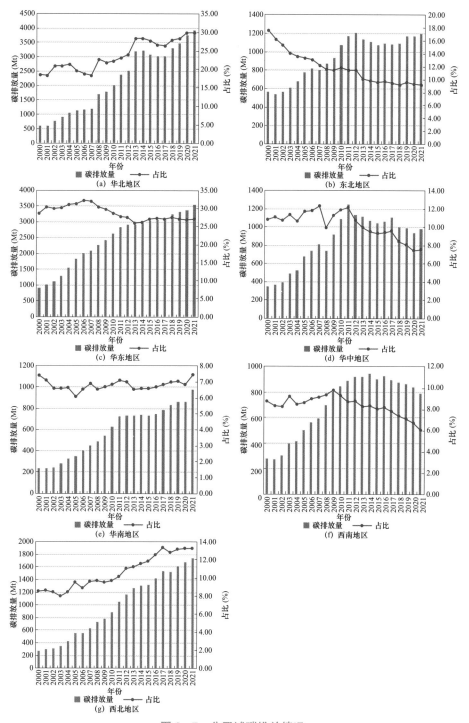

图 3-7　分区域碳排放情况

基本保持波动增长，2014 年开始逐渐波动下降，2014 年碳排放量最高，为 944.90Mt。西北地区碳排放自 2000 年开始，基本呈现增长趋势，2021 年碳排放量最高，为 1744.92Mt。

从区域碳排放占比来看，东北、华中、华南、西南、西北五个地区占比较小，华东、华北两个地区占比较大。其中，华北地区的碳排放占全国碳排放的比例基本呈现上涨趋势，最高为 29.91%（2021 年），最低为 18.15%（2007 年）；东北地区的碳排放占全国碳排放的比例呈现逐年下降趋势，最高为 17.55%（2000 年），最低为 9.11%（2021 年）；华东地区的碳排放占全国碳排放的比例呈现先小幅上涨后下降并逐渐趋于平稳趋势，最高为 32.13%（2006 年），最低为 25.84%（2013 年）；2000—2011 年，华中地区的碳排放占全国碳排放的比例基本在区间 [9.90%, 12.31%] 内波动，2012 年开始，占比呈现下降趋势，最高为 12.31%（2007 年），最低为 7.42%（2020 年）；华南地区的碳排放占全国碳排放的比例基本在区间 [6.03%, 7.43%] 内波动，最高为 7.43%（2021 年），最低为 6.04%（2005 年）；2000—2009 年，西南地区的碳排放占全国碳排放的比例基本在区间 [8.26%, 9.81%] 内波动，2010 年开始，出现下降趋势，最高为 9.81%（2009 年），最低为 6.01%（2021 年）；西北地区的碳排放占全国碳排放的比例基本呈现上涨趋势，最高为 13.32%（2017 年），最低为 7.97%（2003 年）。

三、区域碳压力演进特征分析

基于 2000—2021 年典型省域的碳排放及碳吸收相关数据，基于式（3-6）和式（3-8），测算七大区域碳压力，下面分别从全国总体碳压力及分区域碳压力情况分析其演进特征。

1. 全国总体碳压力演进特征分析

全国总体碳排放、碳吸收、碳压力演进趋势如图 3-8 所示。

由图 3-8 可知，2000—2021 年，七大区域碳排放总量整体上呈现出上升趋势，但碳排放增长速度逐渐放缓，意味着我国碳减排工作取得了一定成效。由于全国森林、草原覆盖面积总体保持稳定，从而使得碳吸收总量维持在一定水平。2021 年全国碳压力相比 2000 年上涨了 208.76%，特别是在 2014 年出现阶段性峰值后持续高位波动，表明目前我国生态碳循环系统在整体上处于"碳超载"状态。

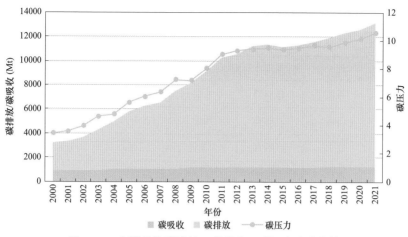

图 3-8　全国总体碳排放、碳吸收、碳压力演进趋势

2. 分区域碳压力演进特征分析

为进一步探究碳压力的空间分布情况，以 2000 年、2010 年及 2021 年为时间断面，根据碳压力的大小，将我国典型省域划分为 4 种类型的碳生态区域，分别是高碳压力区、中碳压力区、低碳压力区和碳盈余区，碳生态区域划分标准如表 3-3 所示，典型区域碳压力情况如表 3-4 所示。

表 3-3　　　　　　　　　　　碳生态区域划分标准

碳生态区域	划分标准
碳盈余区	CPI 介于 0 到 1 之间
低碳压力区	CPI 大于 1 但低于全国平均碳压力值
中碳压力区	CPI 高于全国平均碳压力值
高碳压力区	CPI 高于 150

表 3-4　　　　　　　　　　　典型区域碳压力情况

碳生态区域	2000 年		2010 年		2021 年	
	省份	碳压力	省份	碳压力	省份	碳压力
碳盈余区	内蒙古	0.7870	青海	0.7335	青海	0.8465
	海南	0.7373				
	云南	0.7830				
	青海	0.3269				

续表

碳生态区域	2000 年		2010 年		2021 年	
	省份	碳压力	省份	碳压力	省份	碳压力
低碳压力区	河北	13.8822	北京	38.1964	北京	20.0260
	山西	7.2278	河北	25.9430	河北	22.8070
	辽宁	13.2371	内蒙古	3.1709	内蒙古	5.5132
	吉林	2.7479	辽宁	20.2433	辽宁	24.1672
	黑龙江	2.1569	吉林	6.2478	吉林	5.0080
	浙江	4.1014	黑龙江	4.0582	黑龙江	4.0180
	安徽	8.3413	浙江	13.8271	浙江	18.7735
	福建	1.6762	安徽	17.2002	安徽	23.1706
	江西	1.2569	福建	5.3631	福建	8.9014
	山东	27.4667	江西	3.0211	江西	4.0819
	河南	10.7370	河南	31.2937	河南	22.5614
	湖北	4.8683	湖北	9.2599	湖北	7.8305
	湖南	1.8826	湖南	5.1095	湖南	4.3936
	广东	4.9602	广东	11.3722	广东	15.9110
	广西	1.1215	广西	2.2310	广西	3.5475
	重庆	27.4984	海南	5.4841	海南	7.6542
	四川	1.3817	重庆	9.9149	重庆	7.3058
	贵州	3.1536	四川	3.1938	四川	2.7959
	陕西	2.3181	贵州	9.0751	贵州	8.2155
	甘肃	2.6021	云南	1.9565	云南	1.0163
	宁夏	8.2487	陕西	8.3861	陕西	13.7325
	新疆	1.3583	甘肃	3.8710	甘肃	5.4014
			宁夏	29.3094	新疆	6.9211
			新疆	2.8145		

续表

碳生态区域	2000 年		2010 年		2021 年	
	省份	碳压力	省份	碳压力	省份	碳压力
中碳压力区	北京	35.5550	山西	47.7239	山西	117.9640
	天津	133.5903	江苏	113.2131	江苏	98.2527
	江苏	93.3968	山东	76.8130	宁夏	49.1838
高碳压力区	上海	613.2586	天津	252.6778	天津	199.0477
			上海	505.4057	上海	367.0704

由表 3-5 可知，碳压力分布呈显著不均衡性，区域间差异较大。通过各生态区域的划分情况来看，2000 年，高碳压力区只有上海，2010 年及 2021 年增加了天津，其 CPI 基本超过了 150，处于区域碳生态的高压状态。中碳压力区主要为碳压力值高于全国平均碳压力的区域，部分区域 CPI 有了不同程度的上涨，如江苏、山西、山东、宁夏等地，总体也处于超载状态。低碳压力区为碳压力刚刚超过"碳超载"临界点，但低于全国平均值的区域，主要包括重庆、湖北、吉林等 23 个地区，云南、内蒙古两个地区由 2000 年的碳盈余区转变为了低碳压力区。碳盈余区由 2000 年的内蒙古、云南、海南、青海转变为 2021 年只有青海一地，CPI 约为 0.85。

第四章
碳压力集聚性效应分析方法与应用

第一节　碳压力集聚性效应分析思路

在碳压力测算的基础上，进行碳压力集聚性分析，有助于针对不同集聚特性提出减排建议，提高减碳效率。

本章对高耗能行业及区域碳压力进行集聚性分析。首先，梳理集聚性研究方法。在高耗能行业碳压力集聚性方面，CRn 指数、HHI 指数、EG 指数等常被用于测算分析行业发展的集聚特性；在区域碳压力集聚性方面，探索性空间数据分析（ESDA）、社交网络分析方法、地理加权回归（GWR）模型等多种方法模型已被用于分析碳排放的空间相关性，其中以空间关联测度为核心的ESDA 方法凭借其对事物或现象空间分布格局的描述与可视化，在空间集聚特性的研究中得到普遍应用。然后，结合高耗能行业、区域特点及各方法优点，分别构建基于 CRn 指数与 HHI 指数、探索性空间数据方法（ESDA）的高耗能行业、区域碳压力集聚性分析模型。最后，基于构建的模型，从绝对集中度和相对集中度两方面分析高耗能行业碳压力集聚性，从全局空间相关性和局部空间相关性两方面分析区域碳压力集聚性。碳压力集聚性分析研究思路如图 4-1 所示。

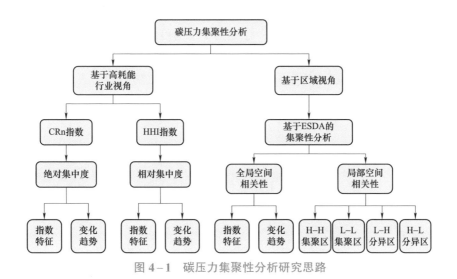

图 4-1　碳压力集聚性分析研究思路

第二节　碳压力集聚性效应分析方法与原理介绍

一、碳压力集聚性效应研究方法

1. 探索性空间数据分析（ESDA）

ESDA 方法核心是研究数据的空间依赖性、空间关联性或者空间自相关性，主要包括构建空间权重矩阵、全局自相关 [global Moran's I, G(I)] 和局域自相关 [local Moran's I, L(I)] 等。其中，G(I)主要反映碳压力的整体情况，判断其是否存在空间关联性；L(I)反映相邻地区间碳压力的局部关联性和变化。G(I)与 L(I) 的表达式分别如下：

$$G(I) = \frac{n\sum_{i=1}^{n}\sum_{j=1}^{n}w_{ij}(X_i-\bar{X})(X_j-\bar{X})}{\left(\sum_{i=1}^{n}\sum_{j=1}^{n}w_{ij}\right)\sum_{i=1}^{n}(X_i-\bar{X})^2} \qquad (4-1)$$

$$L(I) = \frac{X_i-\bar{X}}{\sum_{i=1}^{n}(X_i-\bar{X})^2}\sum_{j=1}^{n}W_{ij}(X_i-\bar{X}) \qquad (4-2)$$

式中：n 为城市总数；X_i 和 X_j 分别为城市 i 和 j 的碳压力值；$\bar{X}$ 为所有城市碳压力的平均值；w_{ij} 为城市 i 和 j 之间的空间权重矩阵。

2. CRn 指数

CRn 指数来源于对市场结构中行业集中度的度量，用于表示当前行业市场的绝对集中度。在经济学中，CRn 指数指的是行业内规模最大的前几位企业的有关数值 x（销售额、销售量、产值、产量、资产总额、职工人数等）占整个市场或行业的市场份额。假设市场中有 m 家公司，则其市场份额前 n 位的 CRn 指数计算方法如下：

$$CRn = \sum_{i=1}^{n}\left(\frac{x_i}{\sum_{i=1}^{m}x_i}\right) \qquad (4-3)$$

其中，n 的取值应视研究需要确定，通常取 $n=4$ 或 $n=8$。

3. HHI 指数

HHI 指数来源于对市场结构中行业集中度的度量，用于表示当前行业市场的相对集中度。在经济学中，HHI 指数指的是行业内各企业的有关数值 x（销售额、销售量、产值、产量、资产总额、职工人数等）占整个市场或行业的市场份额。假设市场中有 m 家公司，则其 HHI 指数计算方法如下：

$$HHI = 10000 \times \sum_{i=1}^{m} \left(\frac{x_i}{\sum_{i=1}^{m} x_i} \right)^2 \qquad (4-4)$$

HHI 指数越大，表明该行业的市场集中度越高。

二、高耗能行业碳压力集聚性效应分析方法

针对高耗能行业，CRn 指数、HHI 指数、EG 指数等常被用于测算分析行业发展的集聚特性。与其他指数不同，CRn 指数与 HHI 指数不需要关联区域数据就可以对行业发展的集中度进行测算，为此本书采用 CRn 指数与 HHI 指数来反映碳压力在行业分布的集聚特征。其计算公式如下：

$$CRn = \sum_{i=1}^{n} \left(\frac{CEP_i}{\sum_{i=1}^{m} CEP_i} \right) \qquad (4-5)$$

$$HHI = 10000 \times \sum_{i=1}^{m} \left(\frac{CEP_i}{\sum_{i=1}^{m} CEP_i} \right)^2 \qquad (4-6)$$

式中：CEP_i 为第 i 个行业的碳压力值。

CRn 指数、HHI 指数数值越大，表明该行业的碳压力集聚度越高。

三、区域碳压力集聚性效应分析方法

为了从整体和局部两个方面对碳压力的区域分布特性进行深入分析，本书采用空间自相关模型来反映碳压力在空间分布的集聚特征。模型分为全局自相关和局域自相关两类。相关计算公式如下：

$$G(I) = \frac{n}{S_0} \frac{\sum_{j=1}^{n} \sum_{j'=1}^{n} w_{jj'} (CPI_j - \overline{CPI})(CPI_{j'} - \overline{CPI})}{\sum_{j=1}^{n} (CPI_j - \overline{CPI})^2} \qquad (4-7)$$

$$S_0 = \sum_{j=1}^{n} \sum_{j'=1}^{n} w_{jj'} \qquad (4-8)$$

$$L(I_j) = \frac{(CPI_j - \overline{CPI}) \sum_{j'=1}^{n} w_{jj'} (CPI_{j'} - \overline{CPI})}{\frac{1}{n} \sum_{j=1}^{n} (CPI_j - \overline{CPI})^2} \qquad (4-9)$$

$$w_{jj'} = \begin{cases} 1 & j \text{ 与 } j' \text{ 相邻} \\ 0 & j \text{ 与 } j' \text{ 不相邻} \end{cases} \qquad (4-10)$$

式中：S_0 为所用空间权重集合；CPI_j 和 $CPI_{j'}$ 分别为 j 省（区、市）和 j' 省（区、市）的碳压力值；$w_{jj'}$ 为 j 和 j' 的地理相邻空间权重矩阵，当相邻地区 j 和 j' 有共同的边界或者顶点时用 1 表示，否则以 0 表示。$G(I) \in [-1, 1]$，越靠近 0，表示空间相关性越不明显，随机性越强；越靠近 1 或 -1，表示空间正相关性（或负相关性）显著，存在一定的集聚现象（或扩散现象）。

第三节 高耗能行业碳压力集聚性效应分析方法应用

在高耗能行业碳压力计量的基础上，对高耗能行业的碳压力集聚性质展开研究，从绝对集中度和相对集中度的角度对高耗能行业造成的碳压力展开分析。

一、绝对集中度分析

CRn 指数作为产业绝对集中度的衡量指标，一般用于衡量某产业市场上占比较高的大企业数量及规模情况。将其运用到行业碳压力分析上，则其所表征的就是高耗能行业在整体碳压力排放方面的集中性。从六大高耗能行业的视角对 2000—2021 年间的行业碳压力绝对集中度进行测算与分析，其结果如图 4-2 所示。

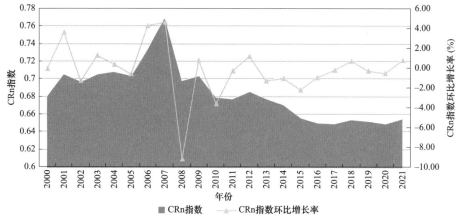

图 4-2 高耗能行业视角下行业碳压力绝对集中度

从指数特征来看，高耗能行业对应的 CRn 指数在 2000—2021 年间的最低值出现在 2020 年，为 0.65；最高值出现在 2007 年，为 0.77；指数整体均远超

0.5，呈现较强的集中性，表明高耗能行业的碳压力集聚特征较为显著，对于全行业整体碳压力具有较强的影响力。

从变化趋势来看，高耗能行业碳压力的绝对集中度在 2000—2021 年整体呈现先上升后下降趋势，在 2007 年达到顶峰后波动下降。结合 CRn 指数的环比增长率来看，其增长速率在 2010 年后便趋于稳定，行业碳压力的集聚特性正逐渐受到控制，但降低成果尚不稳固、还具有一定的波动性，仍需针对高耗能行业采取减碳措施，减轻整体碳压力，促进"双碳"目标的实现。

二、相对集中度分析

HHI 指数是产业相对集中度的衡量指标。如果说 CRn 指数是用于衡量某产业市场上占比较高的大企业的数量及分布对于整个市场的绝对集中情况，那么 HHI 指数就是大企业的数量及分布对于整个市场中所有企业的相对集中度衡量。结合前面通过 CRn 指数所得出的高耗能行业对全行业碳压力排放整体的集聚特性，HHI 指数从整体到具体、从绝对到相对，表示考虑行业内部结构差异后的高耗能行业相对于所有行业的碳压力集聚特性。从六大高耗能行业的视角对 2000—2021 年间行业碳压力的相对集中度进行测算与分析，其结果如图 4-3 所示。

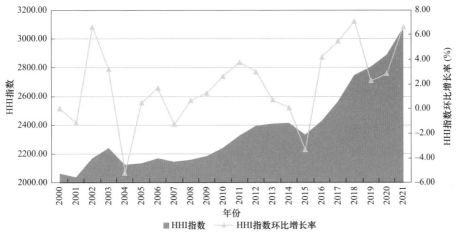

图 4-3　高耗能行业视角下行业碳压力相对集中度

从指数特征来看，HHI 指数在 2001—2021 年间的最低值出现在 2001 年，为 2039.80；最高值出现在 2021 年，为 3081.74。依据日本公正交易委员会创造的分类方法，HHI 指数高于 1800 就说明该市场结构出现了较为显著的

集聚性。从指数整体来看，在碳压力排放方面，高耗能行业相对于其他非高耗能行业呈现出较强的集聚特性，对于全行业整体碳压力具有较强的影响力。

从变化趋势来看，行业碳压力的相对集中度在 2001—2021 年整体呈现上升趋势，仅在 2003 年、2007 年及 2015 年出现小幅下降。HHI 指数对高耗能行业的碳压力排放份额敏感，其整体的上升趋势表明在过去的二十余年间，全行业中的高耗能行业的碳压力排放集聚特性愈发显著，对整体减碳降压目标实现的影响力正逐渐增强。此外，HHI 指数的环比增长率在 2003—2004 年、2006—2007 年、2014—2015 年间为负、其余时间为正，呈现波动态势，且在 2015—2021 年间增长得尤为迅猛，表明随着全行业减碳降压行动的推进，未来的降压重心要集中于高耗能行业，关于高耗能行业降碳措施仍需深化广铺，以进一步推进整体减碳降压进程、助力"双碳"目标的全面实现。

第四节　区域碳压力集聚性效应分析方法应用

在区域碳压力计量的基础上，进一步探究碳压力在空间分布的集聚特征及其演进特性，根据空间自相关模型，运用 ArcGIS10.8 以及 Geoda 软件，设定共边共点共角的空间权重，计算全局和局部 Moran's I 指数，统计相应标准差倍数 Z [I] 和显著性 P [I]，验证碳压力在区域整体及局部的空间关联性。

一、全局空间相关性分析

利用全局 Moran's I 指数，验证 2000—2021 年间碳压力的全局空间相关性，结果如表 4–1 所示。总体而言，研究期间各年全局 Moran's I 指数在前期低值平稳、后期高值波动，且均为正值，各个年份的统计量 Z 值均在 10% 水平下通过了显著性检验，因此拒绝原假设，表明我国各省碳压力存在显著的正向空间自相关性，且随着时间推移，碳压力的空间聚集程度逐渐增强。由此可以看出，某一省份碳压力水平的变化不仅取决于自身发展，还会受到周边地区的影响，加之现阶段我国提倡促进区域一体化发展，加速了碳排放要素在全国范围内的自由流动，加强了各省（区、市）碳压力的空间正相关性。

表 4-1 　　　　　　　　　　碳压力的全局 Moran's I 值

年份	莫兰指数	Z 值	概率值
2000	0.084	2.552	0.028**
2001	0.082	2.609	0.022**
2002	0.085	2.667	0.017**
2003	0.086	2.822	0.011**
2004	0.051	2.360	0.031**
2005	0.063	2.489	0.024**
2006	0.072	2.602	0.021**
2007	0.081	2.689	0.016**
2008	0.076	2.688	0.015**
2009	0.135	3.361	0.032**
2010	0.123	2.019	0.053*
2011	0.124	1.983	0.055*
2012	0.129	2.055	0.050*
2013	0.085	1.978	0.06*
2014	0.097	2.000	0.055*
2015	0.098	1.708	0.077*
2016	0.103	1.760	0.074*
2017	0.098	1.668	0.077*
2018	0.130	1.865	0.058*
2019	0.122	1.814	0.064*
2020	0.125	1.829	0.056*
2021	0.123	1.777	0.06*

*、**分别表示在 10%、5%的水平上具有显著性。

二、局部空间相关性分析

为进一步明晰碳压力在各省域之间是否存在空间集聚性，以 2000 年、2010 年及 2021 年为观察期，采用局部 Moran's I 指数来判别其空间变化特征，如图 4-4 所示，

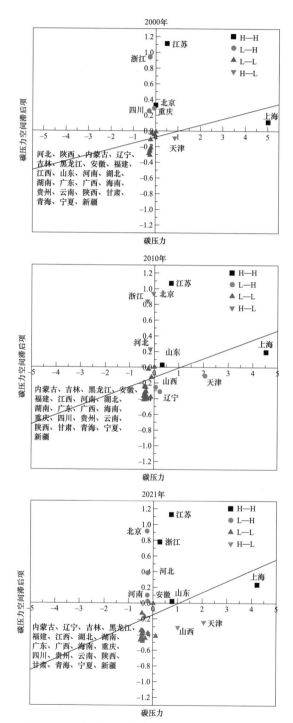

图 4-4　全国碳压力的局部 Moran's I 散点图

并将典型省域归纳为高—高（H—H）集聚区、低—低（L—L）集聚区、低—高（L—H）分异区以及高—低（H—L）分异区。

从碳压力集聚区分析来看，碳压力集聚区是指位于高—高（H—H）集聚区和低—低（L—L）集聚区的省（区、市），其自身与周边相近省（区、市）的碳压力水平均较高或较低，表明其空间上存在较强的正相关和集聚性。显然，第一象限的 H—H 集聚区和第三象限的 L—L 集聚区在各省（区、市）的碳压力中所占比例最大，最终导致拟合线显示为正向空间自相关。因此，我国典型省域的碳压力存在正的空间依赖性。

针对 H—H 集聚区，其所包含的省（区、市）主要分布在东部地区，该地区吸纳碳排放所消耗的自然资本存量相对较高。具体表现为由 2000 年的北京转变为 2010 年、2021 年的山东、浙江，趋同于碳压力较高的上海、江苏地区形成"高—高"集聚阵营，这些地区经济发展条件较好，碳排放水平较高，特别是在长三角城市群联动下，带动了江苏碳压力的提高。

针对 L—L 集聚区，其所包含的省（区、市）主要覆盖了东北、华中、西北等内陆地区。该地区中部分地区虽然碳排放量较多，但由于森林、草原面积相对较大，使得碳排放得以部分吸收，碳压力呈低值集聚。该集聚区涉及的省份较多，并且在 2000 年、2010 年和 2021 年内未发生集聚性变化的省（区、市）占总体的 63.33%，具有较大的稳定性，由此可以说明碳压力水平较高的省（区、市）在空间分布上相对集中，且碳压力水平较低省（区、市）对周边的辐射作用明显。

从碳压力分异区分析来看，碳压力分异区是指在低—高（L—H）分异区和高—低（H—L）分异区的省（区、市），其与周边省（区、市）碳压力水平相反，即该省自身碳压力水平较低或较高时，周边省（区、市）则表现为较高或较低，表明其空间上存在较强的负相关性和较弱的集聚性。

针对 L—H 分异区，该区域由最初的浙江、四川、重庆变为北京、河北、安徽、河南四个地区，特别是其所包含的河北相对周边省（区、市）碳压力水平较低，成为碳压力"洼地"，周边碳压力高水平省（区、市）应提高与其联动效应。

针对 H—L 分异区，位于该类地区的省（区、市）对周边省（区、市）的影响一般表现为"虹吸效应"大于"辐射效应"，因此高值区被低值区包围，

如天津、山西自身碳压力水平较相邻省（区、市）较高，但对周边也有负向拉动能力，说明这几个省（区、市）应协调好自身与相邻省（区、市）的联动发展。

综上所述，我国各省碳压力在全局视角下存在显著的正向空间自相关性，且随着时间推移，碳压力的空间聚集程度逐渐增强，局部集聚性也相对显著，典型省域在 2000 年、2010 年和 2021 年内未发生明显集聚性变化。

第 五 章

碳压力异质性效应分析方法与应用

碳压力分析理论与方法

第一节 碳压力异质性效应分析思路

碳压力异质性分析有助于促进更精准的碳减排策略提出，进一步推动各地区绿色可持续发展，促进碳排放与碳吸收之间实现平衡，助力"双碳"目标高质量实现。

本章对高耗能行业及区域碳压力进行异质性分析。首先，梳理了碳压力异质性研究方法，包括核密度估计、基尼系数、泰尔指数等。然后，结合高耗能行业、区域特点及各方法优点，构建了基于 K-均值聚类的高耗能行业碳压力异质性分析模型、基于核密度估计模型（Kernel Density Estimation，KDE）的区域碳压力空间差异动态演进轨迹分析模型及基于 Theil 指数的区域碳压力空间差异来源分解模型。最后，基于模型构建，分别分析高耗能行业及区域碳压力的异质性。碳压力异质性效应分析研究思路如图 5-1 所示。

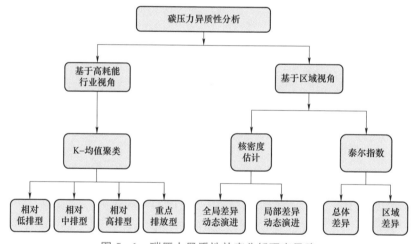

图 5-1 碳压力异质性效应分析研究思路

第二节 碳压力异质性效应分析方法与原理介绍

一、碳压力异质性效应研究方法

1. 核密度估计

核密度估计可描述数据在时间前后的分布形态，是概率密度检验方法之一，其不利用有关数据分布的先验知识，对数据分布不附加任何假定，是一种从数据样本本身出发研究数据分布特征的方法。核密度估计采用平滑的峰值函数来拟合观察到的数据点，从而对真实的概率分布曲线进行模拟，用连续的密度曲线描述区域碳压力差异的动态演进趋势、分析其发展特征。其表达式为：

$$f_j(y) = \frac{1}{n_j h} \sum_{j=1}^{n_j} K\left(\frac{y_j - y}{h}\right) \tag{5-1}$$

式中：$K(\cdot)$为核密度函数，描述了 y 邻域内第 j 个省（区、市）所占的权重；h 为核密度估计的窗宽；n_j 为 y 领域内的省（区、市）数。

2. 基尼系数

基尼系数是经济学中判断居民收入分配差异的最常用的指标，而随着碳公平问题的日益凸显，基尼系数被广泛应用于研究区域碳排放分布的不均衡性。对于包含 n 个群组的样本，其基尼系数表达式为：

$$G = 1 - \sum_{i=1}^{n} P_i \times \left(2 \sum_{k=1}^{i} w_k - w_i\right) \tag{5-2}$$

式中：w_i 为将调查户按收入由低到高进行排序后，第 i 户代表的人口的收入占总收入的比重；w_k 为调查户按收入由低到高进行排序后，第 k 户代表的人口收入占总收入的比重；P_i 为将调查户按收入由低到高进行排序后，第 i 户所代表的人口占总人口的比重。

一般来说，基尼系数小于 0.2 表示绝对平均，0.2~0.3 之间表示比较平均，0.3~0.4 之间表示相对合理，0.4~0.5 之间表示差距较大，大于 0.5 表示差距悬殊。

3. 泰尔指数

泰尔指数是 1967 年泰尔提出用于揭示国家之间的收入差距的一种指标，由于其具有可分解性的优点，后被广泛应用于区域差异性的研究和分析中。包含 n 个个体的样本被分为 K 个群组，每组分别为 g_k（$k = 1, 2, \cdots, K$），第 k 组 g_k 中的个体数目为 n_k，则泰尔指数的表达式为：

$$T = T_b + T_w = \sum_{k=1}^{k} y_k \ln \frac{Y_k}{n_k/n} + \sum_{k=1}^{k} y_k \left(\sum_{i \in g_k}^{k} \frac{y_i}{y_k} \ln \frac{\frac{y_i}{Y_k}}{1/n_k}\right) \tag{5-3}$$

$$T_b = \sum_{k=1}^{k} y_k \ln \frac{Y_k}{n_k/n} \tag{5-4}$$

$$T_{w} = \sum_{k=1}^{k} y_k \left(\sum_{i \in g_k}^{k} \frac{y_i}{y_k} \ln \frac{\frac{y_i}{Y_k}}{1/n_k} \right) \qquad (5-5)$$

式中：T、T_b、T_w 分别为总差异、区域间差异和区域内差异；y_i、y_k 分别为某个体 i 的收入份额与某群组 k 的收入总份额。

4. 聚类分析

聚类分析又称为集群分析，是一种探索性的通过数据建模简化数据的方法，通过聚类分析，研究者可以不必事先给出一个分类标准，而是根据数据的相似度自动将样本数据分类到不同的类或者簇，使各类内部差别较小，而类与类之间的差别较大，所划分的类是未知的。使用不同的聚类方法，所得到的聚类结果往往不一致。

二、高耗能行业碳压力异质性效应分析方法

聚类分析可以从样本数据出发按相似度对样本进行分类，助于凸显不同组类间的差异。由于高耗能行业之间不存在层次结构，因此本书使用 K - 均值聚类对高耗能行业的碳压力分布异质性进行研究。

K - 均值聚类的基本思想为把 n 个对象分为 k 个类，通过迭代计算逐次更新各类的中心，直到算法收敛到一定的结束条件后输出聚类结果。输入聚类个数 k，则 K - 均值聚类算法步骤如下：

（1）从 n 个数据对象中任意选择 k 个对象作为初始聚类中心。

（2）根据每个聚类对象的均值（中心对象），计算每个对象与这些中心对象的距离，并且根据最小距离重新对相应对象进行划分。

（3）重新计算每个聚类的均值（中心对象）。

（4）循环下述流程（2）～（3），直到目标函数 J 取值不再变化。

三、区域碳压力异质性效应分析方法

1. 核密度估计

单独某期样本数据核密度曲线的水平位置可代表碳压力的高低，曲线波峰的高度和宽度可体现碳压力在区间内的聚集程度，波峰数目可刻画样本数据的极化程度，分布延展性即曲线拖尾程度可描述最高或最低碳压力区域与其他区域的距离，拖尾越严重，代表区域内差异程度越高。纵向对比同一区域多期样本的核密度曲线可以识别出该区域碳压力分布特征的动态演进过程，横向比较

多个区域核密度曲线的形态能够捕捉到它们在碳压力变化轨迹上的差异。

核密度函数选择方面，常用的核密度函数有高斯核、Epanechnikov 核、双角核、三角核等，但在一般情况下选择不同的核密度函数对于估计结果的影响不大，本书以 Matlab 软件中系统默认的高斯核函数曲线和带宽实现绘图操作，以期展现碳压力原始状态。通过建立 2000 年、2010 年及 2021 年我国整体及七大区域碳压力的核密度分布图，分别从位置、形状、峰度对核密度曲线表现出的状态进行分析，综合揭示与反映碳压力的变化情况。

2. 泰尔指数

以泰尔指数衡量碳压力的空间分异水平，可将总体分异状态细化为区域的内部分异趋势和外部分异趋势，计算出差异的主要来源及其贡献率，揭示其变动方向和幅度，阐述对总体发展趋势的影响程度。泰尔指数取值范围介于 0 到 1 之间，数值越接近 1，说明区域分异程度越大。结合研究需求，本书在原有模型的基础上，进而得到了新的泰尔指数及其结构分解模型，可归纳为：

$$T = T_\mathrm{b} + T_\mathrm{w} \tag{5-6}$$

$$T_\mathrm{b} = \sum_{k=1}^{m} \frac{n_k}{n} \left(\frac{\overline{\mathrm{CPI}_k}}{\overline{\mathrm{CPI}}} \right) \ln \left(\frac{\overline{\mathrm{CPI}_k}}{\overline{\mathrm{CPI}}} \right) \tag{5-7}$$

$$T_\mathrm{w} = \sum_{k=1}^{m} \left(\frac{n_k}{n} \cdot \frac{\overline{\mathrm{CPI}_k}}{\overline{\mathrm{CPI}}} \right) \cdot T_p \tag{5-8}$$

$$T_p = \sum_{j=1}^{n_k} \frac{1}{n_k} \left(\frac{\mathrm{CPI}_j}{\overline{\mathrm{CPI}_k}} \right) \ln \left(\frac{\mathrm{CPI}_j}{\overline{\mathrm{CPI}_k}} \right) \tag{5-9}$$

$$R_\mathrm{b} = \frac{T_\mathrm{b}}{T} \tag{5-10}$$

$$R_\mathrm{w} = \frac{T_\mathrm{w}}{T} \tag{5-11}$$

$$R_p = \frac{n_k}{n} \cdot \frac{\overline{\mathrm{CPI}_k}}{\overline{\mathrm{CPI}}} \cdot \frac{T_\mathrm{w}}{T} \tag{5-12}$$

式中：T、T_b、T_w 分别为总差异、区域间差异和区域内差异；T_p 为区域内各子系统的碳压力差异；m 为区域群组数；n 为本次样本考察的我国区域内省（区、市）个数；n_k 为区域内的省（区、市）个数；CPI_j 为区域内第 j 个省（区、市）的碳压力；$\overline{\mathrm{CPI}}$ 和 $\overline{\mathrm{CPI}_k}$ 分别为碳排放压力均值和各区域碳压力均值；R_b 为区域间差异对总差异的贡献率；R_w 为区域内差异对总差异的贡献率；R_p 为 p 地区

内部差异对总地区内差异的贡献率。

第三节　高耗能行业碳压力异质性效应分析方法应用

　　利用 K-均值聚类，对六大高耗能行业碳压力进行聚类分析，通过聚类，得以从碳压力的视角对高耗能行业之间的异质性进行分类分析。以近年碳压力排放量占比为依据，对高耗能行业进行聚类分析，其结果如表5-1、表5-2和图5-2所示。表5-1中，F值为F测验结果，F测验可用于检测某项变异因素的效应或方差是否存在。F越大，越说明组间方差是主要方差来源，处理的影响越显著。F越小，越说明随机方差是主要的方差来源，处理的影响越不显著。

表 5-1　　　　高耗能行业聚类类别方差分析差异对比结果表

年份	聚类		误差		F 值	显著性
	均方	自由度	均方	自由度		
2000	338825.045	3	827.292	2	409.559	0.002
2001	390069.295	3	865.554	2	450.659	0.002
2002	486487.029	3	1250.048	2	389.175	0.003
2003	695224.022	3	1230.876	2	564.82	0.002
2004	827868.844	3	3007.031	2	275.311	0.004
2005	1084159.958	3	3775.523	2	287.155	0.003
2006	1367054.11	3	4548.141	2	300.574	0.003
2007	1562470.205	3	7067.13	2	221.09	0.005
2008	1678394.253	3	6234.497	2	269.211	0.004
2009	1991631.454	3	5452.345	2	365.28	0.003
2010	2420533.699	3	6487.741	2	373.093	0.003
2011	3102052.98	3	10917.927	2	284.125	0.004
2012	3514276.353	3	9845.999	2	356.924	0.003
2013	3914377.542	3	9860.555	2	396.973	0.003
2014	3796535.555	3	8944.513	2	424.454	0.002
2015	3467869.277	3	12151.603	2	285.384	0.003
2016	3733278.425	3	8562.44	2	436.006	0.002

续表

年份	聚类		误差		F 值	显著性
	均方	自由度	均方	自由度		
2017	4214428.662	3	6891.967	2	611.499	0.002
2018	4884095.019	3	4184.686	2	1167.135	0.001
2019	5195510.49	3	3563.461	2	1457.996	0.001
2020	5483797.716	3	3203.499	2	1711.815	0.001
2021	6668005.879	3	4670.005	2	1427.837	0.001

表 5-2 高耗能行业异质性聚类结果

个案号	行业序号	聚类	距离
1	行业 1	1	116.46
2	行业 2	1	357.732
3	行业 3	3	0
4	行业 4	4	0
5	行业 5	1	324.886
6	行业 6	2	0

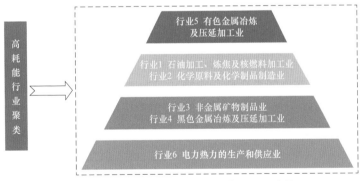

图 5-2 高耗能行业异质性聚类结果示意图

尽管从全行业的角度分析，高耗能行业在碳压力排放方面呈现明显的集聚特性，但在高耗能行业内部，六大高耗能行业在碳压力排放方面呈现出了一定的异质性。根据聚类结果，六大高耗能行业可分为四类，对全行业碳压力影响力从高到低分别为相对低排型、相对中排型、相对高排型和重点排放型，其中属于相对低排型的为有色金属冶炼及压延加工业（行业 5），属于相对中排型的

为石油加工、炼焦及核燃料加工业（行业 1）和化学原料及化学制品制造业（行业 2），属于相对高排型的为非金属矿物制品业（行业 3）和黑色金属冶炼及压延加工业（行业 4），属于重点排放型的为电力、热力的生产和供应业（行业 6）。

结合六大高耗能行业碳压力演进特征分析，可以得出六大高耗能行业碳压力分别的异质性特征。石油加工、炼焦及核燃料加工业（行业 1）为两阶段中排型，作为高耗能行业中排放相对中等的行业，其碳压力在达到阶段性的峰值后再次以较高的速率继续增长。化学原料及化学制品制造业（行业 2）为单峰中排型，其行业碳压力排放已达到峰值，正逐步下降。非金属矿物制品业（行业 3）为单峰高排型，尽管已经达峰，但其碳压力排放量仍不可小觑。黑色金属冶炼及压延加工业（行业 4）为两阶段高排型，在环境碳压力威胁较大的情况下仍在以较快的速率继续排放。有色金属冶炼及压延加工业（行业 5）为低排趋稳型，行业碳压力处于平台期，正围绕一个较低的均值水平波动变化并逐步趋向稳定。电力、热力的生产和供应业（行业 6）为重点两阶段型，作为最大的碳压力排放重点其排放至今还在持续增加，是高耗能行业减碳降压治理进程的重中之重。综合分析六大高耗能行业的异质性特点，将有助于掌握各高耗能行业的排放特征，把握治理重点难点，从而更有针对性地开展减碳降压行动。

第四节　区域碳压力异质性效应分析方法应用

我国碳压力存在空间异质性分布特征，为进一步对区域差异进行解构与探析，本节基于 2000—2021 年间我国区域碳压力计算结果，深入研究各区域碳压力的差异动态演进；采用泰尔指数及其分解方法，分别测算 2000 年、2010 年以及 2021 年总体及区域两种视角下的泰尔指数，深入探究碳压力空间差异来源。

一、碳压力空间差异动态演进轨迹分析

以 2000 年、2010 年和 2021 年为时间断面，绘制全国及区域碳压力核密度曲线，如图 5 - 3 所示，当曲线下面积固定，对应横坐标取值范围越大，表明区域内碳压力分布值越广泛；同理，横坐标对应面积占比越大，表明区域内碳压力概率分布越密集；曲线对应纵坐标值越高，表明区域内该碳压力值极差越大，区域内差异越明显。

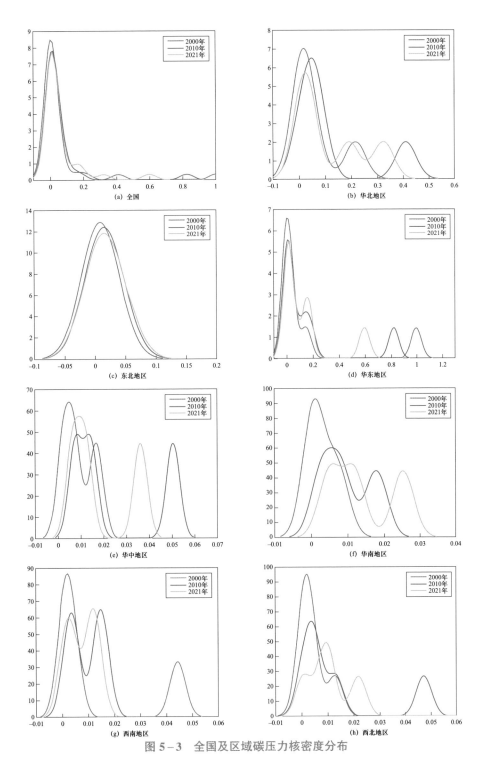

图 5-3 全国及区域碳压力核密度分布

1. 全局碳压力差异动态演进分析

从函数的位置上看，碳压力在 2010 年、2021 年略有右移趋势，表明典型省域整体碳压力总体水平有所上升，这一结论与第三章碳压力测算结果一致。我国碳压力分布的右拖尾现象得到缓减，表明我国碳压力分布延展性在一定程度存在收缩趋势，意味着全国范围内碳压力的空间差距在逐步减小。

从函数的形状上看，密度曲线表现出明显的左偏态分布，图形呈现出多峰格局，且第一波峰对应的核密度远高于其他波峰对应的核密度，表明碳压力相对较低的省区所占的比重大于相对较高水平省区所占的比重。

从函数的峰度变化上看，2000—2021 年间密度函数整体呈陡峭的单峰分布，说明全国碳压力呈现出高度集中的趋势，随着时间推移，2010 年的波峰峰值显著降低，且第一波峰对应的核密度和其他波峰对应的核密度间的差距在逐步缩小，表明碳压力的地区差距在逐渐缩小。

2. 局部碳压力差异动态演进分析

从函数的位置上看，七大区域碳压力的核密度指数均有不同程度右移现象，说明七大区域碳压力整体有所上升。

从时序变化来看，2000 年，除东北地区、华南地区外，其他地区均有极化态势，即碳压力核函数呈现双峰或多峰分布，表明此地区碳压力存在两极或多级分化现象；2010 年，除华东地区、西南地区外，各地区碳压力核密度曲线均有不同程度的右移现象，表明碳压力有所上升。从曲线形状看，部分地区内仍存在极化现象，除华东地区、西南地区外，右拖尾现象均有增强，表明此地区碳压力差距有所增加；2021 年，除东北地区外，各地区仍存在多峰现象，其中华南地区的右拖尾现象仍有加强，说明该地区省域碳压力差异仍在加强。此外，碳压力极化现象与其地理区域相关，说明碳压力可能存在一定的空间相关性。

综上所述，整体来看，我国碳压力分布延展性在一定程度存在收缩趋势，意味着全国范围内碳压力的空间差距在逐步减小。分区域来看，华东地区、西南地区碳压力发展趋势向好，随着时间推移，该地区碳压力核密度曲线整体有左移现象，主峰高度也有不同程度的下降。但从曲线形状看，除东北地区外，仍存在极化现象，如华北地区、华东地区。

二、碳压力空间差异来源分解

采用泰尔指数及其分解方法，分别测算 2000 年、2010 年以及 2021 年总体及区域两种视角下的泰尔指数，通过分析区域内、区域间的贡献率，刻画各区域的分异状态。

1. 碳压力总体差异及分解

根据测算结果，绘制总体泰尔指数及分解指数的变化，得到全国碳压力区域差异来源及贡献，如图 5-4 所示，由图 5-4 可知，2000—2021 年间碳压力在区域内和区域间的泰尔指数变化显著，均呈现大幅下降趋势，特别是区域间指数由 2000 年的 0.188 下跌至 2021 年的 0.043，这表明我国区域碳压力水平的总体差距在逐渐缩小趋向均衡。

从两者对总体泰尔指数的贡献率来看，区域内和区域间泰尔指数对总体泰尔指数的贡献率大致呈相反趋势，前者呈先迅速上升后上升速度放缓态势，后者呈先迅速下降后下降速度放缓态势。这种变化态势并非偶然，因为区域内贡献率和区域间贡献率是互补关系。截至 2021 年，区域内贡献率和区域间贡献率分别是 90.67% 和 9.33%，差异对比悬殊。这说明造成我国碳压力水平区域差异的主要原因是七大区域的内部差异，而区域间的差异贡献不断下降。

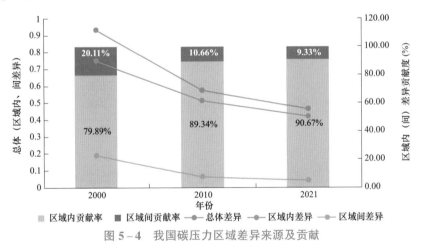

图 5-4 我国碳压力区域差异来源及贡献

2. 碳压力区域差异及对比

接下来对七大区域内的碳压力水平差异进行研究，基于式（5-8）计算各区域对总体泰尔指数的贡献度，得到我国碳压力区域内差异贡献，如表 5-3 所示。

从各区域泰尔指数的贡献结果来看，各区域内部碳压力水平差异呈现追赶态势，其中华东地区和华北地区泰尔指数较大，始终稳居前两位，2000 年二者的累计贡献率达到 71.70%，2021 年为 37.93%，这可能是因为华东地区、华北地区内部省份出现"两极分化"，与前文分析的结果一致。排在后两位的华南地

区和西南地区，由于内部省份碳压力水平较为接近，差异化程度较低，从而使得泰尔指数贡献率稳定在 1.7%以内。西北地区、东北地区泰尔指数的贡献率分别由 2000 年的 0.37%、0.39%增长至 2.54%、0.64%，均呈现倍数增长。华中地区泰尔指数的贡献率表现为"倒 U 形"增长，由 2000 年的 0.23%上涨至 2010年的 0.65%，而后又下降到 2021 年的 0.46%。

表 5－3 我国碳压力区域内差异贡献

年份	华北	东北	华东	华中	华南	西南	西北
2000	8.77%	0.39%	62.93%	0.23%	0.15%	1.68%	0.37%
2010	12.06%	0.37%	36.46%	0.65%	0.18%	0.23%	1.34%
2021	11.21%	0.64%	26.72%	0.46%	0.26%	0.25%	2.54%

第六章

碳压力影响因素驱动效应
分析方法与应用

第一节　碳压力影响因素驱动效应分析思路

分析研究高耗能行业、区域碳压力影响因素，能更好地提高我国重点高耗能行业及区域减排效率，并针对性地提出相关低碳发展策略。

本章在碳压力计量的基础上分析研究碳压力影响因素驱动效应。首先，梳理了碳压力影响因素驱动效应分析方法；然后，结合高耗能行业、区域特点及各方法优点，构建了高耗能行业影响因素作用效应分析模型、高耗能行业碳压力影响因素分解分析模型、区域碳压力影响因素分析模型。最后，针对高耗能行业方面，将碳压力影响因素驱动效应分为长期驱动性效应和短期波动性效应两方面，并将其分解为 5 个驱动因素；针对区域方面，将碳压力影响因素分解为能源结构、技术进步、经济水平、人口集聚、植被碳固存能力 5 个因素，并通过空间计量模型对碳压力影响因素驱动效应进行分析。碳压力影响因素驱动效应分析研究思路如图 6-1 所示。

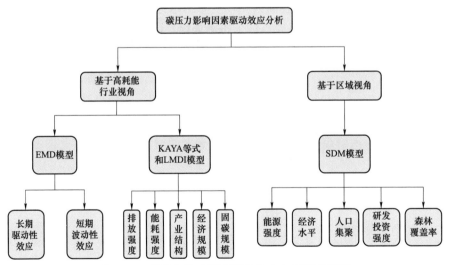

图 6-1　碳压力影响因素驱动效应分析研究思路

第二节 碳压力影响因素驱动效应分析方法与原理介绍

一、碳压力影响因素驱动效应分析方法

1. 因素分解法

（1）指数分解法。指数分解法（Index Decomposition Analysis，IDA）利用与目标变量相关的因素之间的关系将目标变量分解为因素的作用效应，通过计量分析得出各个影响因素的贡献度，显示不同的因素对目标变量的作用效应。IDA 具有多种分解模式，如 Laspeyres、Divisia 和 Shapley 分解等。其中，对数平均迪氏指数分解法（Logarithmic Mean Divisia Index Method，LMDI）是基于迪氏分解法在不断研究过程中改进得到的，目前在碳排放相关问题的研究中应用最多，一般应用于基于碳排放量的时间序列分析。LMDI 分为加法分解和乘法分解两种方式，乘法分解式如下：

$$D = Z^t / Z^0 = D_{x1} D_{x2} \cdots D_{xn} \qquad (6-1)$$

加法分解式如下：

$$\Delta Z = Z^t - Z^0 = \Delta Z_{x1} + \Delta Z_{x2} + \cdots + \Delta Z_{xn} \qquad (6-2)$$

其中，第 k 个因素作用程度的乘法分解可以表示为：

$$D_{xk} = \exp\left[\frac{(Z_k^t - Z_k^0)/(\ln Z_k^t - \ln Z_k^0)}{(z^t - z^0)/(\ln z^t - \ln z^0)} \times \ln \frac{x_{kj}^t}{x_{kj}^0} \right] \qquad (6-3)$$

第 k 个因素作用程度的加法分解式可以表示为：

$$\Delta Z_{xk} = \sum_i \frac{(Z_k^t - Z_k^0)}{(\ln Z_k^t - \ln Z_k^0)} \times \ln \frac{x_{kj}^t}{x_{kj}^0} \qquad (6-4)$$

IDA 对数据的要求相对较小，操作更容易且运用起来更为简单，适用于时间序列数据的影响因素分析。

（2）结构分解法。结构分解法（Structure Decomposition Analysis，SDA）是指数分解分析法第二类因素分解法，基于投入产出（I-O）的结构分解法在碳排放研究学术界应用较多，该法由列昂惕夫提出。标准的 Leontief 模型如下：

$$x = Ax + y \qquad (6-5)$$

式中：x 为总产出的$(n \times 1)$向量，其元素 x_i 是行业 i 的产出；y 为最终需求的$(n \times 1)$

向量，其元素 y_i 是行业 i 的最终需求；A 是技术系数的 $(n×n)$ 矩阵，其特征元素 a_{ij} 显示了行业 j 每单位产出行业 i 投入的量（以货币为单位）。

则存在如下关系式：

$$a_{ij} = \frac{x_{ij}}{x_j} \qquad (6-6)$$

$$x = (\boldsymbol{I} - \boldsymbol{A})^{-1} y \qquad (6-7)$$

式中：$(\boldsymbol{I} - \boldsymbol{A})^{-1}$ 为 Leontief 逆矩阵；$\boldsymbol{I}$ 为单位矩阵。

引入经济排放效率 $ce_i = C_i / x_i$，表示每单位经济产出的碳排放量，则碳排放量可表示为：

$$C = ceL\hat{y} \qquad (6-8)$$

运用此法不仅可以研究技术水平、最终需求等因素的作用效应，还可以考察因素对其他领域造成的间接影响作用。该法基于投入产出表，相较于 IDA，分析过程要相对复杂，在数据方面的要求更高。

2. KAYA 恒等式

KAYA 恒等式主要将碳排放分解为碳强度、能源强度、人口数量和经济水平四个方面，由日本一位专家 KAYA 率先提出，公式如下：

$$CO_2 = \frac{CO_2}{E} \times \frac{E}{GDP} \times \frac{GDP}{P} \times P \qquad (6-9)$$

式中：CO_2 为碳排放量；E 为能源消费量；GDP 为国内生产总值；P 为人口数量。

通过数学因式分解将碳排放与碳强度（CO_2 / E）、单位 GDP 能耗（E / GDP）、人均国民生产总值（GDP / P）以及人口规模（P）这四个因素联系起来。

3. 空间计量模型

空间计量模型起源于空间统计学和区域经济学，旨在计量经济学方法时充分考虑地区之间的空间影响因素，使得分析结果更加贴近现实，更具有科学性和准确性。根据空间效应表现形式的不同，空间计量模型可分为三种，即空间滞后模型（Spatial Lag Model，SLM）[又称为空间自回归模型（Spatial Autoregression Model，SAR）]、空间误差模型（Spatial Error Model，SEM）和空间杜宾模型（Spatial Durbin Model，SDM）。

空间滞后模型（SLM）的空间效应形式是因变量之间的内生交互作用，即不同单位之间相同变量相互影响，采取加入因变量滞后因子的方法解决由于实质性相关带来的空间交互效应。具体形式如下：

$$Y = \rho WY + X\beta + \varepsilon \qquad (6-10)$$

式中：Y 为因变量的列向量；ρ 为体现空间效应的空间自回归系数，$-1 \leqslant \rho \leqslant 1$，反映一个单元被解释变量 $Y_{i,t}$ 与相邻单元的被解释变量 $Y_{i,t}$ 的相互影响程度，即研究单元的空间相互依赖作用；W 为空间权重矩阵；X 为解释变量矩阵；β 为解释变量系数；ε 为随机误差项。

空间误差模型（SEM）的空间效应体现在误差项之间的交互作用，即不同区域的误差项相互影响。扰动项存在空间依赖性意味着这种空间外异性是随机冲击的结果，也就是遗漏变量存在空间依赖性。具体形式如下：

$$Y = X\beta + \varepsilon \qquad (6-11)$$

$$\varepsilon = \lambda W\varepsilon + \mu \qquad (6-12)$$

式中：W 为空间权重矩阵；λ 为体现随机误差项空间效应的空间自相关系数；ε 为随机误差项；μ 为误差项。

空间杜宾模型（SDM）综合 SLM 和 SEM 形式，同时包含因变量之间的内生效应，又包含自变量之间的外生交互效应，外生交互作用即是一个区域的自变量影响另一个区域的因变量。SDM 的具体形式如下：

$$Y = \rho WY + X\beta + WX\delta + \varepsilon \qquad (6-13)$$

式中：$WX\delta$ 为其他区域自变量的影响；δ 为相应的自变量空间自回归系数向量。

在以上三种空间计量模型中，SLM 和 SEM 是 SDM 的特例，三者具有一定的转化关系，具体转化关系如图 6-2 所示。

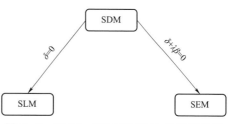

图 6-2　SLM、SEM 和 SDM 的转化关系

二、高耗能行业碳压力影响因素驱动效应分析方法

1. 基于 EMD 的影响因素作用效应特征分析模型

经验模态分解（Empirical Mode Decomposition，EMD）是一种针对非线性、非平稳数据的处理方法。EMD 可以根据数据本身的局部特征量从原始时间序列中提取这些固有模式，并将每个固有模式表示为一个固有模式函数（Intrinsic

Model Function，IMF），它可以将一组数据分解成若干个 IMF 和一个残差项，以此展现信号的波动特性。

其中，IMF 必须满足以下两个条件：① 过零点的数量与极值点的数量相等或最多相差 1；② 数据序列关于时间轴局部对称，序列中任意一点由局部极大值点和局部极小值点确定的包络线的均值为 0。

这两个条件确保 IMF 是近乎周期性的函数。IMF 是一种类似谐波的函数，但是在不同的时间具有可变的幅度和频率。实际上，IMF 是通过筛选过程提取的。

EMD 算法的具体步骤如下：

（1）识别出原序列中所有的极大值点和极小值点。

（2）对所有极大值点进行三次样条插值，拟合出 $X(t)$ 的上包络线 $\max(t)$。

（3）同理，拟合 $X(t)$ 的下包络线 $\min(t)$。

（4）计算上、下包络线的均值 $m(t)$ 如下：

$$m(t)=[\max(t)+\min(t)]/2 \qquad (6-14)$$

（5）用原始信号减去均值，即：

$$d(t) = X(t) - m(t) \qquad (6-15)$$

（6）判断 $d(t)$ 是否满足 IMF 的定义，如果不满足，则记 $d(t)$ 为新的 $X(t)$；如果满足，则 $d(t)$ 为第 i 个 IMF，即 $C_i(t)$，记残差为新的 $X(t)$，残差如下：

$$r(t) = X(t) - d(t) \qquad (6-16)$$

（7）重复步骤（1）～（6），直到无法再从 $X(t)$ 中筛选出新的 IMF。

根据上面的步骤，原序列 $X(t)$ 被分解成若干个 IMF 和一个残差，即有：

$$X(t) = \sum_{i=1}^{N} c_i(t) + r(t) \qquad (6-17)$$

式中：N 为 IMF 的个数；$r(t)$ 为残差项。

通过 EMD 可以将非平稳和非线性过程中的任何数据简化为简单的独立固有模式函数，从而能够进一步分析时频能量空间中的数据。

一般情况下，为避免过度分解，可采用 Fine–to–coarse 技术对分解的 IMF 进行重构。首先，设：

$$s_i = \sum_{j=1}^{i} IMF \ , \quad i, \ j = 1, 2, \cdots, n 且 i \geqslant j \qquad (6-18)$$

其次，利用 t 检验判断从哪一个 i 开始，s_i 的均值是否显著地不等于 0；

最后，将 $IMF_1 \sim IMF_{i-1}$ 加总，视为高频部分；将 $IMF_i \sim IMF_n$ 加总，视为低频部分。

2. 基于 KAYA 等式和 LMDI 的影响因素分解模型

大量分解方法被广泛用于研究某时期内碳排放的驱动因素。由于 LMDI 在理论基础、易用性和结果解释方面具有优势，因此本书将基于扩展的 KAYA 恒等式和 LMDI 分解高耗能行业碳压力影响因素，研究其内在规律及特点。根据 KAYA 恒等式，各行业的碳排放可分解如下：

$$CEP = \frac{C_i}{CA} = \frac{C_i}{E_i} \times \frac{E_i}{IVA_i} \times \frac{IVA_i}{GDP} \times \frac{GDP}{P} \times \frac{P}{CA} \qquad (6-19)$$

式中：C_i 为第 i 行业产生的碳排放量，1×10^4t；E_i 为第 i 行业能源消耗折算标准煤总量，1×10^4t；IVA_i 为第 i 行业产业增加值，亿元；GDP 为国内生产总值，亿元；P 为我国总人口数，万人；CA 为植被固碳能力，1×10^4t。

令：单位能源的碳排放量 $CE = C_i / E_i$，表征行业碳排放强度；各行业单位产业增加值所消耗的能源量 $EI = E_i / IVA_i$，表征行业能耗强度；各行业产业增加值占 GDP 的比例 $GS = IVA_i / GDP$，表征产业结构；人均国内生产总值 $GP = GDP / P$，表征经济规模；总人口数与森林与草原面积固碳能力比值 $PCA = P / CA$，人均固碳能力的倒数，表征固碳规模。则式（6-19）可表达为：

$$CEP = CE \times EI \times GS \times GP \times PCA \qquad (6-20)$$

分别以 0 和 T 表示计算的基期和计算期，对式（6-20）进行分解得到：

$$\Delta CEP = CEP^T - CEP^0 = \Delta CEP_{CE} + \Delta CEP_{EI} + \Delta CEP_{GS} + \Delta CEP_{GP} + \Delta CEP_{PCA} \qquad (6-21)$$

其中，排放强度效应为：

$$\Delta CEP_{CE} = \frac{CEP^T - CEP^0}{\ln CEP^T - \ln CEP^0} \times \ln \frac{CE^T}{CE^0} \qquad (6-22)$$

能耗强度效应为：

$$\Delta CEP_{EI} = \frac{CEP^T - CEP^0}{\ln CEP^T - \ln CEP^0} \times \ln \frac{EI^T}{EI^0} \qquad (6-23)$$

产业结构效应为：

$$\Delta CEP_{GS} = \frac{CEP^T - CEP^0}{\ln CEP^T - \ln CEP^0} \times \ln \frac{GS^T}{GS^0} \qquad (6-24)$$

经济规模效应为：

$$\Delta CEP_{GP} = \frac{CEP^T - CEP^0}{\ln CEP^T - \ln CEP^0} \times \ln \frac{GP^T}{GP^0} \quad (6-25)$$

固碳规模效应为：

$$\Delta CEP_{PCA} = \frac{CEP^T - CEP^0}{\ln CEP^T - \ln CEP^0} \times \ln \frac{PCA^T}{PCA^0} \quad (6-26)$$

通过 LMDI 将行业碳压力变动分解为排放强度、能耗强度、产业结构、经济规模、固碳规模五种影响，可以对各行业碳压力变动的内在因素进行细致刻画，如表 6-1 所示。

表 6-1 　　　　　　　　　　高耗能行业碳压力影响因素变量含义

主要变量	含义	单位
排放强度 CE	用单位能源的碳排放量表征	t 二氧化碳/t 标准煤
能耗强度 EI	用单位 GDP 消耗的能源表征	t 标准煤/万元
产业结构 GS	用各行业的产业增加值占国内生产总额的比例来表征	—
经济规模 GP	用人均国内生产总值表征	万元/人
固碳规模 PCA	用人均固碳能力的倒数表征	人/t

为了表达从基期到 T 期各要素对碳排放的贡献，提出贡献率（CR）如下：

$$\begin{aligned} CR &= \frac{\Delta CEP_{CE} + \Delta CEP_{EI} + \Delta CEP_{GS} + \Delta CEP_{GP} + \Delta CEP_{PCA}}{\Delta CEP} \\ &= \frac{\Delta CEP_{CE}}{\Delta CEP} + \frac{\Delta CEP_{EI}}{\Delta CEP} + \frac{\Delta CEP_{GS}}{\Delta CEP} + \frac{\Delta CEP_{GP}}{\Delta CEP} + \frac{\Delta CEP_{PCA}}{\Delta CEP} \quad (6-27) \\ &= CR_{CE} + CR_{EI} + CR_{GS} + CR_{GP} + CR_{PCA} \end{aligned}$$

在模型中，各因素对碳排放的贡献率 CR 可以分解为排放强度 CR_{CE}、能耗强度 CR_{EI}、产业结构 CR_{GS}、经济规模 CR_{GP}、固碳规模 CR_{PCA} 五个贡献率值。

三、区域碳压力影响因素驱动效应分析方法

1. 变量选取与说明

基于我国的基本国情和由人口、经济、技术构成的 STIRPAT 模型的理论框架，参考相关文献并且依据数据的可获得性，对被解释变量 Y 和解释变量 X 的

选取如下：

（1）被解释变量。我国典型省份的碳压力水平：选取我国典型区域的碳压力作为因变量，真实地反映我国典型区域碳压力的发展状况。

（2）解释变量。

1）能源强度：高效的节能减排技术可以大量减少二氧化碳排放和环境污染，技术水平越高、技术创新能力越强，越有助于提升能源使用效率，从而降低污染排放强度，即在同等产出下所消耗的能源和排放的二氧化碳就越少。以能源强度作为技术水平的表征指标，通常情况下，能源强度降低对二氧化碳排放是有积极影响的。作为能源效率的常用指标，能源强度可以较好地反映技术水平对于二氧化碳排放的影响。

2）经济水平：研究表明，经济发展和二氧化碳排放之间存在紧密联系，也一直被视为影响二氧化碳排放最为重要的因素之一，经济水平通常由人均国内生产总值来度量。一个地区的人均国内生产总值可以反映出当地经济发展水平和居民富裕程度。通常来说，经济发展水平低的地区，主要依靠劳动密集型产业和基础设施投资来拉动经济发展，因此，这些地区在发展过程中必然会消耗更多的能源，产生更多的二氧化碳。相反，在经济发达地区，人们对生活质量有更高的追求，具有较好环保意识。此外，高效节能技术的广泛使用，可能对二氧化碳的排放产生抑制作用。

3）人口集聚：研究表明，人口集聚与二氧化碳排放存在正相关关系，在目前以化石能源为主的能源结构中，人口集聚越显著对能源的消耗也就越大，与之相对应的二氧化碳排放也就越多。同时，近几十年来我国人口规模的快速膨胀，进而城市规模也不断随之扩大，人们生产生活愈加聚集，一方面增加了对住房和交通工具的需求，另一方面生活垃圾的增多以及能源消耗需求的增加，加剧了二氧化碳排放。

4）研发投资强度：技术创新能力越强，越有助于提高能源使用效率并降低污染排放强度，开发和引进先进的节能减排技术对改善环境质量、降低二氧化碳排放具有促进作用，但科技水平的提升伴随的生产效率提高和生产规模扩大又可能导致污染物排放的增加。研发投资经费投入可以支持企业进行技术创新，因此，研发投资经费支出占地区生产总值的比重可以作为技术创新的表征指标。

5）森林覆盖率：森林作为陆地生态系统主体，因其强大的碳汇功能和作用，成为实现"双碳"目标的重要路径，同时也是目前最为经济、安全、有效的固碳增汇手段之一。森林覆盖率是常用来衡量森林资源丰富程度、国土绿化状况

和碳汇能力的指标，因此，选用地区森林面积占地区总面积的比重来表征森林覆盖率。

各解释变量含义如表6-2所示。

表6-2 区域碳压力影响因素变量解释

主要变量	含义	单位
能源强度 EI	用单位 GDP 消耗的能源表征	t 标准煤/万元
经济水平 PGDP	用人均 GDP 来表征	万元/人
人口集聚 PA	用地区总人口与地区总面积的比值表征	人/km²
研发投资强度 RD	用科学研究和实验投资占地区生产总值表征	%
森林覆盖率 FC	用森林面积占土地总面积的比重表征	%

2. 空间计量模型选择流程

在进行空间计量的研究中，最关键的一步便是模型的检验，错误地选择模型会得出无效的结论，因此，模型的检验要严谨、慎重。具体的步骤为：先利用莫兰指数衡量空间效应的存在，再应用拉格朗日乘数（LM 检验）及 Wald 检验对三个空间计量模型进行选择。具体的模型检验过程以流程图的方式表示如图6-3所示。

（1）Moran's I 指数。Moran's I 指数是空间自相关性的衡量指标，如果该指标检验结果显著，则表明变量之间空间依赖性明显。该指标在对变量的空间效应的描述形式上分为全局指数和局域指数，即全局 Moran's I 指数（Global Moran's I）和局域 Moran's I 指数（local Moran's I）。其中，前者是区域中单元之间空间分布的整体状态的体现，区分为随机分布和集聚状态，而后者则是更详细地对分布状态进行描述，比如具体的集聚状态出现的范围。

（2）拉格朗日乘数（Lagrange Multiplier）。Moran's I 指数只是对空间效应模型的选择提供支持，确定数据存在空间依赖性，但无法对三种模型进行筛选。Anselin 和 Florax 提出了应用 LM 检验对空间计量模型进行筛选的方法，筛选的顺序为 OLS-（SLM/SEM）。具体的方法是通过 LM 检验来比较拉格朗日乘数Lagrange Multiplier）的两种形式，即：LM-lag，LM-error 和稳健（Robust）的 R-LMlag、R-LMerror。筛选的原则为：如果 LM-lag 在 LM 检验中显著性优于 L-Merror，同时 R-LMlag 也优于 R-LMerror，则选择 SLM 模型。反之，则选择 SEM 模型。

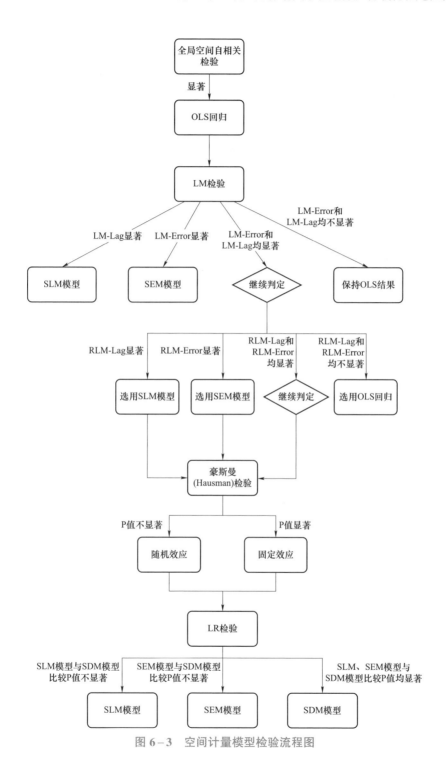

图6-3　空间计量模型检验流程图

（3）豪斯曼（Hausman）检验。模型选定以后，还要通过豪斯曼（Hausman）检验来确定采用哪种效应来对模型进行估计，是固定效应还是随机效应。这两种效应均来源于研究对象随时间变化的不可观测的误差项，判断原则是看这种不可观测的误差项是否与已选定的可量化的因变量指标相关，如果相关，则为固定效应，反之为随机效应。利用 Hausman 来选择这两种效应的方法以往应用在普通面板模型中，现在被推广到空间领域。通常来讲，固定效应比随机效应更加切合实际。

（4）LR 检验。LR 检验是用来验证 SDM 是否能够退化为 SLM 或者 SEM 的，如果不能退化，则表示 SDM 为最适合的空间模型。正如前文对三个模型的转化分析，SDM 针对退化目标 SLM 或者 SEM 设置了两个原假设，分别是 H_{o1}: $\delta = 0$ 和 H_{o2}: $\delta + \lambda\beta = 0$。LR 检验是检验模型中某解释变量是否多余的一种方法，该检验的原理是当约束条件成立的条件下，约束模型和非约束模型的极大似然函数值近似相等。只有在 H_{o1} 和 H_{o2} 均被拒绝的情况下，才能选择 SDM 为较优的空间计量模型，即空间滞后项在考虑自变量的同时，还应该考虑因变量。相对的，如果不能同时拒绝两个原假设，则需要根据上面一步的结果进行模型选择，即 LM 检验结果。

基于以上分析得到，空间自相关模型一般遵循 OLS－SLM/SEM－SDM 的顺序展开。首先，根据普通面板混合模型观察 LM 检验值肯定空间依赖性的存在，并依据其显著程度在 SLM 模型和 SEM 模型进行选择；然后，利用 Hausman 检验确定固定效应和随机效应的选择，并使用 LR 检验，选择固定效应中的个体效应、时间效应以及双向效应，并验证 SDM 模型能否退化成 SLM 模型与 SEM 模型。

第三节　高耗能行业碳压力影响因素驱动效应分析方法应用

首先，基于 EMD 法分析高耗能行业影响因素作用效应特征；其次，基于 KAYA 等式和 LMDI 法分解碳压力影响因素，明确他们作用效应之间的异同，为制定更为精准的措施以推进减排进程提供参考。

一、数据来源

本节所用数据及来源如下:

(1) 各高耗能行业碳压力数据。

(2) 2000—2021 年高耗能行业能源消费量见附表 6。

(3) 2000—2021 年高耗能行业产业增加值、2000—2021 年国内生产总值, 见附表 7、附表 8。

(4) 2000—2021 年全国人口数, 见附表 9。

二、基于 EMD 的高耗能行业碳压力影响因素作用效应分析

1. 影响因素作用效应计算结果描述性统计分析

通过观察六大高耗能行业碳压力时间序列可知, 很明显各曲线没有绕均值水平变化, 而是在某一段时间保持持续上升趋势, 在另一段时间又呈现出下降的趋势。因此, 可初步认为该序列为非平稳。进一步利用自相关系数 (ACF) 和偏自相关系数 (PACF) 描述其数字特征, 对该时间段内的高耗能行业碳压力时间序列进行自相关系分析和偏相关分析, 得到如图 6-4 所示的结果。

由图 6-4 中可知, 行业 1 自相关系数图迟滞两期后, 自相关系数十分缓慢地下降到二倍标准差范围内, 自相关图拖尾。同理, 行业 2 自相关系数图迟滞三期后拖尾, 行业 3 自相关系数图迟滞三期后拖尾, 行业 4 自相关系数图迟滞三期后拖尾, 行业 5 自相关系数图迟滞三期后拖尾, 行业 6 自相关系数图迟滞四期后拖尾。同时, 六个高耗能行业的偏相关系数图均为一阶截尾, 可以确定六个高耗能行业碳压力时间序列为非平稳序列。考虑到高耗能行业碳压力具有非平稳性和复杂性的特征, 运用 EMD 对六大高耗能行业碳压力时间序列进行分解分析, 具体结果如图 6-5 所示。

由图 6-5 可知, 六大高耗能行业各 IMF 的波动幅度都比较显著, 残差项的趋势也较为显著。六大高耗能行业残值项均呈现上升的趋势。

进一步应用相关系数衡量各模态与原序列之间的相关性。同时, 由于模态彼此独立, 将方差相加并使用方差占比来衡量每个模态对原序列波动的贡献。各模态、残差项与原序列的描述性统计结果如表 6-3 所示。

Date: 12/03/23 Time: 10:35
Sample: 2000 2021
Included observations: 22

Autocorrelation	Partial Correlation		AC	PAC	Q-Stat	Prob
		1	0.811	0.811	16.552	0.000
		2	0.593	−0.190	25.843	0.000
		3	0.377	−0.127	29.786	0.000
		4	0.173	−0.119	30.662	0.000
		5	−0.027	−0.167	30.685	0.000
		6	−0.185	−0.072	31.817	0.000
		7	−0.273	0.010	34.442	0.000
		8	−0.341	−0.123	38.817	0.000
		9	−0.391	−0.115	45.025	0.000
		10	−0.438	−0.166	53.453	0.000
		11	−0.430	−0.016	62.309	0.000
		12	−0.407	−0.102	71.046	0.000

Date: 12/03/23 Time: 10:40
Sample: 2000 2021
Included observations: 22

Autocorrelation	Partial Correlation		AC	PAC	Q-Stat	Prob
		1	0.811	0.811	16.552	0.000
		2	0.593	−0.190	25.843	0.000
		3	0.377	−0.127	29.786	0.000
		4	0.173	−0.119	30.662	0.000
		5	−0.027	−0.167	30.685	0.000
		6	−0.185	−0.072	31.817	0.000
		7	−0.273	0.010	34.442	0.000
		8	−0.341	−0.123	38.817	0.000
		9	−0.391	−0.115	45.025	0.000
		10	−0.438	−0.166	53.453	0.000
		11	−0.430	−0.016	62.309	0.000
		12	−0.407	−0.102	71.046	0.000

Date: 12/03/23 Time: 10:36
Sample: 2000 2021
Included observations: 22

Autocorrelation	Partial Correlation		AC	PAC	Q-Stat	Prob
		1	0.873	0.873	19.165	0.000
		2	0.725	−0.158	33.028	0.000
		3	0.553	−0.178	41.535	0.000
		4	0.395	−0.042	46.106	0.000
		5	0.237	−0.112	47.844	0.000
		6	0.089	−0.090	48.106	0.000
		7	−0.048	−0.092	48.188	0.000
		8	−0.166	−0.068	49.228	0.000
		9	−0.276	−0.125	52.331	0.000
		10	−0.365	−0.072	58.183	0.000
		11	−0.422	−0.024	66.739	0.000
		12	−0.415	0.129	75.833	0.000

Date: 12/03/23 Time: 10:37
Sample: 2000 2021
Included observations: 22

Autocorrelation	Partial Correlation		AC	PAC	Q-Stat	Prob
		1	0.881	0.881	19.497	0.000
		2	0.740	−0.157	33.960	0.000
		3	0.583	−0.152	43.392	0.000
		4	0.444	0.000	49.183	0.000
		5	0.295	−0.157	51.883	0.000
		6	0.176	0.026	52.904	0.000
		7	0.059	−0.100	53.026	0.000
		8	−0.054	−0.122	53.136	0.000
		9	−0.169	−0.109	54.292	0.000
		10	−0.255	−0.015	57.144	0.000
		11	−0.322	−0.042	62.113	0.000
		12	−0.353	0.022	68.702	0.000

Date: 12/03/23 Time: 10:42
Sample: 2000 2021
Included observations: 22

Autocorrelation	Partial Correlation		AC	PAC	Q-Stat	Prob
		1	0.856	0.856	18.427	0.000
		2	0.654	−0.297	29.703	0.000
		3	0.428	−0.177	34.801	0.000
		4	0.201	−0.148	35.987	0.000
		5	−0.009	−0.115	35.989	0.000
		6	−0.177	−0.054	37.018	0.000
		7	−0.264	0.091	39.476	0.000
		8	−0.296	−0.016	42.779	0.000
		9	−0.281	−0.004	45.996	0.000
		10	−0.249	−0.078	48.721	0.000
		11	−0.231	−0.159	51.277	0.000
		12	−0.188	0.069	53.149	0.000

Date: 12/03/23 Time: 10:39
Sample: 2000 2021
Included observations: 22

Autocorrelation	Partial Correlation		AC	PAC	Q-Stat	Prob
		1	0.839	0.839	17.697	0.000
		2	0.695	−0.029	30.454	0.000
		3	0.555	−0.070	39.017	0.000
		4	0.435	−0.019	44.579	0.000
		5	0.318	−0.071	47.720	0.000
		6	0.219	−0.024	49.310	0.000
		7	0.135	−0.028	49.951	0.000
		8	0.040	−0.109	50.012	0.000
		9	−0.085	−0.198	50.307	0.000
		10	−0.201	−0.103	52.087	0.000
		11	−0.299	−0.078	56.379	0.000
		12	−0.341	0.057	62.533	0.000

图 6-4 六大高耗能行业碳压力序列自相关、偏相关分析图

根据表 6-3，从各部分方差占原序列方差的比例和占总方差的比例可以看出，对于行业 1，残差项的方差贡献率是最大的，其次是 IMF2、IMF1；对于行业 2，IMF3 的方差贡献率是最大的，其次 IMF1、IMF2、残值项；对于行业 3，残差项的方差贡献率是最大的，其次是 IMF2、IMF1、IMF3；对于行业 4，残差项的方差贡献率是最大的，其次是 IMF2、IMF1；对于行业 5，IMF2 的方差贡献率是最大的，其次是残值项、IMF3、IMF1；对于行业 6，残差项的方差贡献率是最大的，IMF 的方差贡献率较小。

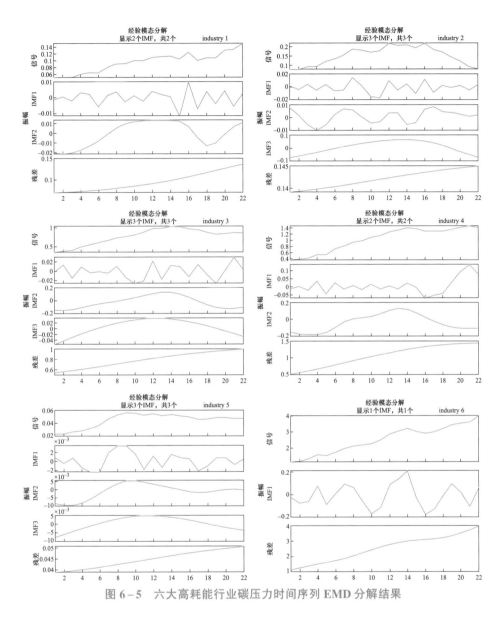

图 6-5　六大高耗能行业碳压力时间序列 EMD 分解结果

表 6-3　　　　六大高耗能行业的 IMF 和残差项的统计

行业序号	序列	方差	方差占原序列方差的比例	方差占各模态总方差的比例
行业 1	原序列	0.0008222	—	—
	IMF1	0.000022	2.73%	3.58%
	IMF2	0.0001684	20.48%	26.91%

行业序号	序列	方差	方差占原序列方差的比例	方差占各模态总方差的比例
行业 1	残差项	0.000435	52.90%	69.50%
	加总	0.0006258	76.12%	100.00%
行业 2	原序列	0.002384	—	—
	IMF1	0.000061	2.55%	2.56%
	IMF2	0.000025	1.07%	1.07%
	IMF3	0.002283	95.77%	96.21%
	残差项	0.000004	0.15%	0.15%
	加总	0.002373	99.54%	100.00%
行业 3	原序列	0.0468226	—	—
	IMF1	0.0002498	0.53%	0.79%
	IMF2	0.0090149	19.25%	28.41%
	IMF3	0.0007665	1.64%	0.53%
	残差项	0.0217044	46.35%	68.39%
	加总	0.0317355	67.78%	100.00%
行业 4	原序列	0.1457852	—	—
	IMF1	0.0022442	1.54%	2.02%
	IMF2	0.0102828	7.05%	9.24%
	残差项	0.0987317	67.72%	88.74%
	加总	0.1112586	76.32%	100.00%
行业 5	原序列	0.0001132	—	—
	IMF1	0.000003	2.53%	5.42%
	IMF2	0.000021	18.55%	39.82%
	IMF3	0.000014	12.07%	25.91%
	残差项	0.000015	13.44%	28.85%
	加总	0.000053	46.59%	100.00%
行业 6	原序列	0.7291126	—	—
	IMF1	0.010868	1.49%	1.52%
	残差项	0.7030922	96.43%	98.48%
	加总	0.7139602	97.92%	100.00%

基于上述 EMD 结果可以发现，六大高耗能行业中行业 2、行业 3、行业 5 最终得到三个 IMF 及一个残差序列；行业 1、行业 4 得到两个 IMF 及一个残差序列；行业 6 得到一个 IMF 及一个残差序列。为统一分析思路及维度，同时鉴于 EMD 应用过程中过度分解的可能性导致没有经济意义的一些伪 IMF 产生的情况，因此对行业 1、行业 2、行业 3、行业 4、行业 5 各模态进行合成（具体方法见本章第二节），基于 EMD 的影响因素作用效应特征分析原理。行业 1～行业 5 模态重构结果如图 6-6 所示，重构后模态和残差项的数据描述性统计如表 6-4 所示。

表 6-4　　　　行业 1～行业 5 重构后模态和残差项的统计

行业序号	项目	方差	方差占原序列方差的比例	方差占各模态总方差的比例
行业 1	重构后模态	0.000191	23.21%	30.50%
	残差项	0.000435	52.90%	69.50%
	加总	0.000626	76.12%	100.00%
行业 2	重构后模态	0.002369	99.39%	99.85%
	残差项	0.000004	0.15%	0.15%
	加总	0.002373	99.54%	100.00%
行业 3	重构后模态	0.010031	21.42%	31.61%
	残差项	0.021704	46.35%	68.39%
	加总	0.031736	67.78%	100.00%
行业 4	重构后模态	0.012527	8.59%	11.26%
	残差项	0.098732	67.72%	88.74%
	加总	0.111259	76.32%	100.00%
行业 5	重构后模态	0.000038	33.15%	71.15%
	残差项	0.000015	13.44%	28.85%
	加总	0.000053	46.59%	100.00%

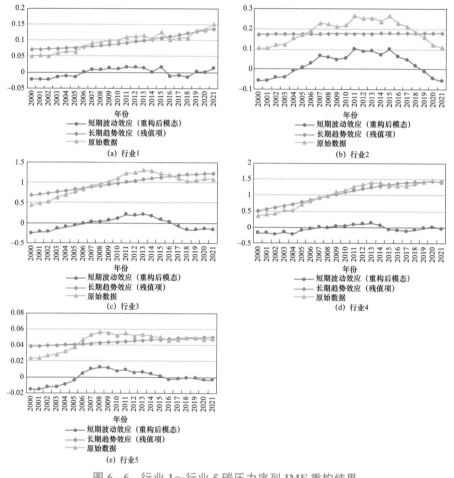

图 6-6 行业 1～行业 5 碳压力序列 IMF 重构结果

由表 6-4 可知，对于高耗能行业 1、行业 3、行业 4 而言，从方差占比上看，残差项的方差贡献率更大。对于行业 2、行业 5 而言，从方差占比上看，重构后模态的方差贡献率更大。然而，由于舍入误差、非线性的组合，IMF 和残差的方差并不总是与观测方差相加相等，各模态方差占原序列的比之和可能不等于 100%，可以忽略此偏差。

2. 影响因素作用效应特征分析

根据上述分解结果可知，碳压力可分解为两个部分，可以归结为由两类因素影响形成的两个影响效应，进一步观察六个高耗能行业各模态的特征，如

图 6-7 所示。

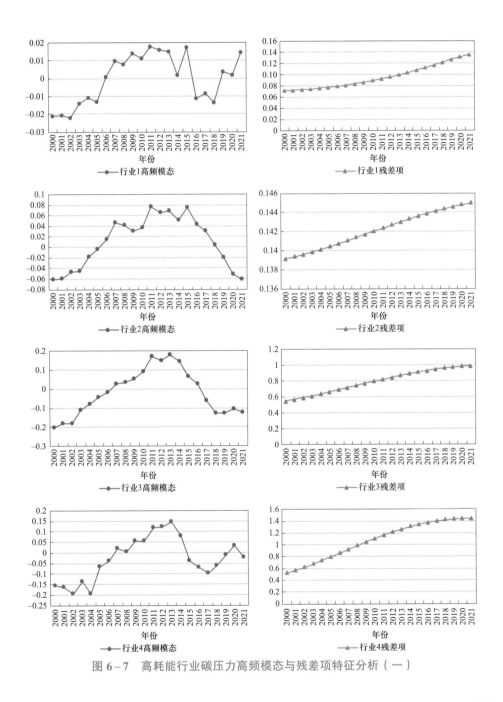

图 6-7 高耗能行业碳压力高频模态与残差项特征分析（一）

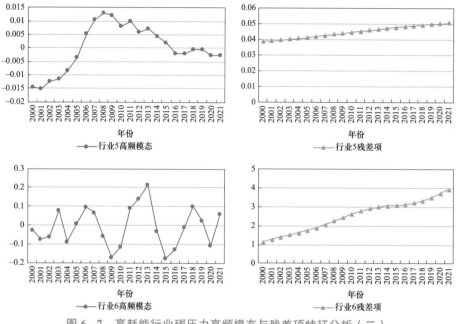

图6-7　高耗能行业碳压力高频模态与残差项特征分析（二）

根据图6-7，观察各模态的特征，高频模态反映了一种短期波动性特征，残差项反映了一种长期趋势性的特征。因此，影响因素的最终作用效应可体现为两个效应，即长期驱动性效应和短期波动性效应。

（1）长期驱动性效应。在因素的长期驱动性效应的影响下，长期趋势项下的六个高耗能行业碳压力表现不同。

由图6-7可知，对于石油加工、炼焦及核燃料加工业（行业1）而言，在长期趋势效应的影响下，碳压力呈现持续增长趋势，增长速率逐渐增长。

对于化学原料及化学制品制造业（行业2）、非金属矿物制品业（行业3）、黑色金属冶炼及压延加工业（行业4）而言，在长期趋势效应的影响下，碳压力呈现持续增长趋势，2015年后增长速率逐渐放缓，主要是受《节能减排"十二五"规划》和《节能减排"十三五"规划》对于碳减排的要求。

对于有色金属冶炼及压延加工业（行业5）而言，在长期趋势效应的影响下，碳压力呈现持续增长趋势，增长速率基本稳定。

对于电力、热力的生产和供应业（行业6）而言，在长期趋势效应的影响下，碳压力变动情况可分为三个阶段。阶段一（2000—2013年），碳压力基本以较快速率增长，随着我国经济的蓬勃发展，电力行业经历了显著的增长，且此阶段主要以火电为主，促进了碳压力的增长；阶段二（2014—2017 年），碳压力呈增长速率下降趋势，在国家政策碳减排的要求下，我国电力行业低碳转型取得新成效，非化石能源发电装机比例上升，价值终端用能电气化水平持续提升，电力行业碳排放量增长有效减缓，碳压力增长率有所下降。阶段三（2018—2021 年），碳压力再次呈增长速率增长趋势。

（2）短期波动性效应。在因素的短期波动性效应的影响下，短期波动项下的六个高耗能行业碳压力表现有同有异。

由图 6-7 可知，对于六个高耗能行业而言，除行业 2（化学原料及化学制品制造业）、有色金属冶炼及压延加工业（行业 5）、电力、热力的生产和供应业（行业 6）外，2001—2002 年行业碳压力均受到亚洲金融危机对我国经济的负面影响呈现下降趋势；此后，随着 2001 年我国加入 WTO 后，经济快速发展，大量外商投资进入我国市场，促进行业经济发展，进而碳压力增大；2007—2009年，受 2007 年美国次贷危机影响，我国经济受损，行业 2（化学原料及化学制品制造业）、有色金属冶炼及压延加工业（行业 5）、电力、热力的生产和供应业（行业 6）碳压力也随之跌落式地负增长；2010 年后，在政府经济刺激政策的作用下，经济恢复增长，行业碳压力波动上升；2013—2016 年，我国大力推行经济结构战略性调整，促使高耗能行业的碳压力增长率波动下降。2017 年后，在经济不断发展的情况下，除化学原料及化学制品制造业（行业 2）外，高耗能行业的碳压力保持一定的波动上涨。

进一步对比短期波动性与长期驱动性两种特征作用效应对六个高耗能行业碳压力的影响特征，发现长期驱动性效应始终为正值，而短期波动性效应有时为正有时为负。碳压力对两类不同特征作用的灵敏程度不同，高耗能行业碳压力对短期波动性特征效应的反应比长期驱动性的更加剧烈。

三、基于 KAYA 等式和 LMDI 的碳压力影响因素分解分析

依据基于 KAYA 等式和 LMDI 的影响因素分解模型的构建，基于2000—2021 年我国六大高耗能行业碳压力计算结果，运用式（6-19）～式（6-27），以观察期的首尾两年为第 0 年和第 T 年进行核算，得到排放强度、能耗强度、产业结构、经济规模、固碳规模 5 个影响因素对各行业碳排放变化的贡献值，如图 6-8 所示。结果发现 5 个影响因素的作用方向和程度大小不同，且在不同时期乃至不同行业之间均存在差异。

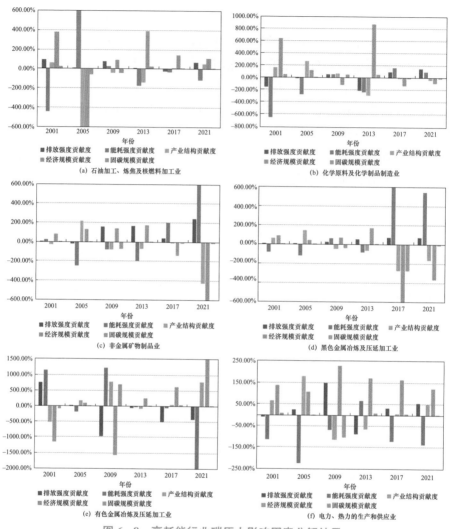

图 6-8　高耗能行业碳压力影响因素分解结果

　　总体而言，从各影响因素作用方向的角度来看，经济规模（GP）主要发挥正向驱动效应，排放强度（CE）、能耗强度（EI）、固碳规模（PCA）主要发挥负向驱动作用，产业结构（GS）针对不同行业的驱动方向差异较大，需要针对具体行业分析。从各影响因素作用大小的角度来看，能源结构、能耗强度、产业结构、经济规模的作用贡献度较大，固碳规模的作用贡献度较小。

　　具体而言，经济规模因素（GP）相较于其他因素而言，对6个高耗能行业的影响最为突出，对各行业碳压力变化基本都表现为正向驱动，经济的快速增长是我国碳排放量不断攀升最主要的动力。

能耗强度（EI）对行业碳压力变化多表现为负向驱动效应，说明能耗强度是推动行业碳压力降低的主要因素，尤其电力、热力生产和供应行业和石油加工、焦炼及核燃料加工业，能源消费强度贡献值较高。排放强度（CE）对六大高耗能行业碳压力的驱动效应显著地异化为两类。一类行业主要受到 CE 显著的负向驱动效应，如有色金属冶炼及压延加工业。另一类行业主要受到 CE 显著的正向驱动效应，如石油加工、炼焦及核燃料加工业、化学原料及化学制品制造业、非金属矿物制品业、黑色金属冶炼及压延加工业、电力、热力的生产和供应业。究其原因，我国调整能源消费结构政策的实施，促使能源消费结构的清洁化带来一定的强度效应。

产业结构（GS）各行业的驱动方向不一致，且不同阶段表现出不一致的影响。这与 Jin and Han 的研究相互印证。其值为正时，表明产业结构的变化不利于该行业碳压力的降低。产业结构（GS）对六大高耗能行业碳压力的驱动效应显著地异化为两类。石油加工、炼焦及核燃料加工业、非金属矿物制品业、黑色金属冶炼及压延加工业主要受到其负向驱动效应。化学原料及化学制品制造业、有色金属冶炼及压延加工业、电力、热力的生产和供应业主要受到其正向驱动效应。这与国家产业结构调整的政策密切相关。

相较而言，2000—2021 年间固碳规模（PCA）的驱动效应比较微弱，且对六大高耗能行业作用贡献差异性不大。这主要是因为 2000 年以来我国整体自然碳汇保持稳定，逐年略有增加，本文选取的森林和草地碳汇规模巨大，但增长缓慢，主要来自历史存量。对于固碳规模而言，取其倒数，其值为正时，表明其变化促进行业碳压力的减弱。固碳规模（PCA）对六大高耗能行业碳压力的驱动效应基本趋同，差异性较小，主要发挥负向驱动效应，促进六大高耗能行业碳压力减弱。

第四节　区域碳压力影响因素驱动效应分析方法应用

一、数据来源

为了消除异方差和保持数据的稳定性，需要对所选指标的数据进行对数化处理，其中，碳压力（LnCPI）数据来自第二章的测算结果；能源强度（LnEI）来自各省能源统计年鉴，经济水平（LnPGDP）、人口集聚（LnPA）、研发投资强度（LnRD）、森林覆盖率（LnFC）的原始数据均来源于国家统计局，缺失数

据采用加权平均法计算补充。表6-5给出了各变量的原始数据的描述性统计。具体数据见附表10~14。

表6-5　　　　　　　　　　各变量数据描述性统计

变量	单位	Obs	均值	标准差	最小值	最大值
LnCPI	—	660	2.289	1.547	−1.861	6.855
LnEI	t标准煤/万元	660	−0.046	0.618	−1.702	1.647
LnPGDP	万元/人	660	1.008	0.884	−1.324	2.931
LnPA	人/hm²	660	0.825	1.276	−2.638	3.677
LnRD	%	660	0.101	0.695	−1.943	1.876
LnFC	%	660	3.12	0.883	−0.844	4.202

由表6-5的描述性统计结果可以看出，我国碳压水平差异很大，均值为2.289，最大值是2008年的上海6.855，最小值为2002年的海南−1.861。解释变量的差异性也很明显，其中能源强度均值为−0.046t标准煤/万元，其中最大值1.647t标准煤/万元出现在宁夏的2003年，而最小值−1.702t标准煤/万元出现北京2021年的数据；经济水平平均值为1.008万元/人，最大值2.931万元/人出现在2021年北京地区，最小值−1.324万元/人出现在2000年贵州；人口集聚均值为0.825人/hm²，最大值高达3.677人/hm²，出现在2021年上海，最小值−2.638人/hm²是2000年的青海；研发投资强度的均值为0.101%，最大值1.876%为2021年北京，最小值−1.943%为2001年海南；森林覆盖率均值为3.120%，最大值是福建2018—2021年的4.202%，最小值是青海2000—2003年的−0.844%。

二、基于面板数据的区域碳压力空间计量模型构建

为了确保回归结果的有效性，首先要做的就是进行全面的检验，选择构建合适的计量模型。由于研究数据属于短面板数据（时间T<个体梳理N），故无需进行单位根检验及协整检验。自变量方差膨胀因子最大值为4.667（大于等于5的自变量视为存在较强的共线性），因此可忽略自变量多重共线性问题。本书运用Stata 17.0软件通过以下相关检验，空间权重矩阵沿用第三章探究碳压力集聚性所使用的空间邻接矩阵，确定适合的空间计量模型，进而分析我国区域间碳压力的影响因素在空间的作用机制。

1. LM 检验

通过全局莫兰指数和局部莫兰指数的检验，证明了我国区域碳压力确实存在着空间相关性，但为了确定建立的空间计量模型中是否含有空间滞后项和空间误差项，所以需要进行空间依赖性检验，一般用到的检验方法为拉格朗日乘数检验，分别为 LM 检验和 Robust–LM 检验。当进行 LM–Erro 检验和 LM–Lag 检验时，如果 LM–Error 检验和 LM–Lag 检验都不显著，则表示使用普通的混合回归模型；如果 LM–Error 显著，LM–Lag 不显著则选择空间误差模型（SEM），否则选择空间滞后模型（SLM）；如果 LM–Error 与 LM–Lag 同时显著，则需要进行 Robust–LM 检验，若 Robust–LM–Error 显著 Robust–LM–Lag 不显著则选择空间误差模型（SEM），否则选择空间滞后模型（SLM）；如果 LM–Error、LM–Lag、Robust–LM–Lag 与 Robust–LM–Error 同时显著，这就需要同时建立空间误差模型（SEM）、空间滞后模型（SLM）和空间杜宾模型（SDM）进行比较分析。

进行 LM 检验是依据序列的残差项建立的，所以需要对面板数据进行普通的混合回归 OLS 估计，估计结果如表 6–6 所示。其中除研发投资强度（LnRD）的 p 值通过了 5%的显著性水平检验外，各变量的 p 值都通过了 1%的显著性水平检验，R^2 为 0.8344，调整后的 R^2 为 0.8331，这说明不考虑空间的相关性，使用 OLS 估计出来的模型，拟合效果可能会出现偏差，所以进一步应用空间计量模型进行回归分析。

表 6–6　　　　　　　面板数据混合回归 OLS 估计结果

变量	Coef.	t	p 值
LnEI	1.557**	27.17	0
LnPGDP	1.323**	36.53	0
LnPA	1.154**	62.07	0
LnRD	− 0.089*	− 2.33	0.02
LnFC	− 0.549**	− 23.37	0
Cons	1.797**	19.15	0
检验结果			
R – squared	0.8344	Adj R – squared	0.8331
F	598.8	Prob＞F	0

*、** 分别表示在 5%、1%的水平下通过显著性检验。

在此基础上依据 OLS 估计出来的残差，进行 LM-Error、LM-Lag、Robust-LM-Lag 与 Robust-LM-Error 检验，检验结果如表 6－7 所示。由表中结果可以看出，拉格朗日乘数及其稳健性形式均通过了 1% 的显著性水平，说明面板数据存在比较大的空间依赖性，所以采用无空间交互效应的传统模型的回归结果必然存在偏差，因此要采用空间计量模型对模型进行估计。在表 6－7 的检验结果中，LM-lag 的检验值大于 LM-error 的检验值，同时 R-LMlag 检验值大于 R-LMerror 检验值，说明在 SLM 和 SEM 的比较中，SLM 的回归结果要优于 SEM。但这并不意味着 SLM 就是最优模型，接下来还需要对 SDM 模型进行 LR 检验，检验 SDM 是否可以简化以上两种模型，因此，需进行对比选择最合适的模型。

表6－7　　　　　　　　　　　　LM 检 验 结 果

指标	检验值	p 值
LM－error	26.534*	0
LM－lag	58.096*	0
R－LMerror	12.233*	0.001
R－LMlag	43.795*	0

*表示在 1%的水平下通过显著性检验。

2. Hausman 检验

面板数据分为固定效应模型和随机效应模型，需要通过 Hausman 检验判断模型中的虚拟变量（干扰项）与解释变量是否相关，具体如表 6－8 所示，结果显示：chi2(5)＝46.80, Prob＞chi2＝0.0000，卡方统计量大于 0，拒绝原假设，得到固定效应模型比随机效应模型效果好，故选择带有固定效应的模型进行比较分析。

表6－8　　　　　　　　　　　　Hausman 检 验 结 果

检验值	p 值
46.80*	0

*表示在 1%的水平下通过显著性检验。

3. LR 检验

Hausman 检验的结果表明本研究应当选用固定效应面板模型。而固定效应在空间面板数据中又分为时间固定、个体固定和双向固定模型，还需要进一步比较三者的结果。通过 LR 检验发现（见表 6-9），比较个体效应与双向效应所得的 LR 统计量为 34.62，对应的 p 值为 0.0001，不能在显著性水平下拒绝个体效应与双向效应二者无显著差异的原假设；时间效应与双向效应比较时，LR 统计量为 705.50，其 p 值为 0.0000，拒绝时间效应与双向效应二者无显著差异的原假设，认为时间效应和双向效应的结果有显著差异。由于 p 值在两次检验中均通过了 1%的显著性检验，因此，选择双向固定效应下的空间计量模型解释变量意义。

表 6-9　　　　　　　　　　　LR 检 验 结 果

模型形式	检验值	p 值
个体效应与双向效应	34.62*	0.0001
时间效应与双向效应	705.50*	0

*表示在 1%的水平下通过显著性检验。

为了能够找出最适合研究我国区域碳压力影响因素在空间上的作用模型，验证 SDM 是否退化成 SLM 与 SEM 模型，从而选取最适合的模型进行实证研究，结果如表 6-10 所示。由检验结果可以看出，LR 检验结果拒绝了原假设（SDM 模型可以简化为 SLM 或 SEM 模型），并且通过了 1%水平的显著性检验，说明 SDM 模型优于 SLM 与 SEM 模型，因此采用 SDM 模型进行接下来的实证研究。

表 6-10　　　　　　　　　　SDM 退 化 检 验 结 果

模型形式	检验值	p 值
SDM 模型与 SLM 模型	20.31*	0.0011
SDM 模型与 SEM 模型	30.51*	0

*表示在 1%的水平下通过显著性检验。

三、基于 SDM 模型对区域碳压力影响因素驱动效应的分析

1. 基准回归结果

根据之前对模型的选择，建立具有双向固定效应的 SDM 模型，具体形式如下：

$$\ln \mathrm{CPI}_{it} = \alpha_0 + \rho \sum_{j=1}^{N} W_{ij} \ln \mathrm{CPI}_{it} + \beta_1 \ln \mathrm{EI}_{it} + \beta_2 \ln PGDP_{it} + \beta_3 \ln \mathrm{PA}_{it} +$$

$$\beta_4 \ln \mathrm{RD}_{it} + \beta_5 \ln \mathrm{FC}_{it} + \delta_1 \sum_{j=1}^{N} W_{ij} \ln \mathrm{EI}_{it} + \delta_2 \sum_{j=1}^{N} W_{ij} \ln PGDP_{it} + \qquad (6-28)$$

$$\delta_3 \sum_{j=1}^{N} W_{ij} \ln \mathrm{PA}_{it} + \delta_4 \sum_{j=1}^{N} W_{ij} \ln \mathrm{RD}_{it} + \delta_5 \sum_{j=1}^{N} W_{ij} \ln \mathrm{FC}_{it} + \mu_i + \lambda_t + \varepsilon_{it}$$

$$i = j = 1, 2, \cdots, N; t = 1, 2, \cdots, T$$

式中：α_0 为常数项；ρ 为空间滞后系数；W_{ij} 为基于式（4-10）建立的地理相邻空间权重矩阵，当相邻地区 i 和 j 有共同的边界或者顶点时用 1 表示，否则以 0 表示；$\beta_1 \sim \beta_5$ 为回归系数；$\delta_1 \sim \delta_5$ 为来自其他地区自变量影响的系数；$W_{ij} \ln \mathrm{CPI}_{it}$ 为地区碳压力的空间滞后项；$W_{ij} \ln \mathrm{EI}_{it}$ 为能源强度的空间滞后项；$W_{ij} \ln PGDP_{it}$ 为经济水平的空间滞后项；$W_{ij} \ln \mathrm{PA}_{it}$ 为人口集聚的空间滞后项；$W_{ij} \ln \mathrm{RD}_{it}$ 为研发投资强度的空间滞后项；$W_{ij} \ln \mathrm{FC}_{it}$ 为森林覆盖率的空间滞后项；μ_i 为个体固定效应下的常数项；λ_t 为个体固定效应下的常数项；ε_{it} 为随机误差。

本书用 Stata 17.0 对 2000—2021 年的碳压力及其影响因素的面板数据进行回归，回归结果如表 6-11 所示。

表 6-11　　　　　　　　　　　SDM 退化检验结果

变量	检验结果
LnEI	1.117*
	-14.13
LnPGDP	1.162*
	-13.69
LnPA	0.209
	-0.96
LnRD	-0.017
	（-0.31）
LnFC	-0.314*
	（-6.73）
W × LnEI	0.633*
	-3.3
W × LnPGDP	0.265
	-1.52

续表

变量	检验结果
W × LnPA	1.135*
	−2.86
W × LnRD	−0.306*
	（−2.87）
W × LnFC	−0.123
	（−1.38）
ρ	0.187*
检验结果	
log-likelihood	64.2385
R²	0.8418

注：解释变量括号内为 Z 值。

*表示在 1%的水平下通过显著性检验。

由表 6-11 可知：能源强度（LnEI）与经济水平（LnPGDP）均通过了显著性检验，且估计系数为正，说明这两个变量对碳压力起到正向促进作用，且按其促进程度排序为：LnPGDP、LnEI。近些年，随着国家经济发展水平的提升，经济增长过程中对能源消费的需求只增不减，在没有更好的更多的清洁能源作为替代品的背景下，经济发展只会对减碳目标带来较大的压力，成为导致碳压力上升的主要影响因素。另外，尽管我国提倡使用清洁能源，大力推进技术创新，努力实施经济转型升级，但是就我国而言，煤炭等化石能源仍然是我国经济发展的主要输出，化石燃料的使用在中西部自然资源较丰富的地区仍然很普遍，特别是煤炭，煤炭消费占总能源消费的 70%。因此，能源强度对碳压力的促进作用非常大。

森林覆盖率（LnFC）在 1%的显著性水平上通过了检验，且估计值系数为负，即对碳压力有抑制作用。随着国家对林业发展的重视以及相关政策的实施，我国的森林面积在增加，森林覆盖率逐年提高，在 2004—2018 年第九次全国森林资源清查中，我国森林覆盖率已达到 22.96%。在森林覆盖率有大幅度增长时，碳承载力面积也在不断增加，从而使得环境效应对碳排放压力的抑制效应更为显著。因此改善环境，增加森林覆盖，充分发挥生产性土地的碳汇效应，将对减小碳排放对环境的压力有积极作用。

2. 空间效应分解

虽然 SDM 可以确定每个因素对碳排放的影响，但表 6-11 中的估计系数并没有反映所有变量对碳排放的边际影响。接下来对其影响因素的空间效应分解为直接效应、溢出效应和总效应，并进行了实证分析，分解结果如表 6-12 所示。

表 6-12   SDM 退化检验结果

变量	直接效应	溢出效应	总效应
LnEI	1.158**	1.012**	2.17**
	−14.76	−4.44	−8.78
LnPGDP	1.178**	0.587**	1.764**
	−15.94	−2.79	−8.18
LnPA	0.27	1.352**	1.623**
	−1.21	−2.94	−4.1
LnRD	−0.027	−0.368**	−0.395**
	(−0.47)	(−3.39)	(−3.11)
LnFC	−0.331**	−0.213*	−0.544**
	(−6.20)	(−2.14)	(−5.30)

注：解释变量括号内为 Z 值。

*、**分别表示在 5%、1%的水平下通过显著性检验。

（1）直接效应。直接效应反映了本区域自变量对本区域碳压力的边际效应。由表 6-12 知，LnEI、LnPGDP、LnPA 的系数为正，表明能源强度、经济水平和人口集聚对本地区的碳压力产生促进作用。LnRD、LnFC 的系数为负，表明研发投资强度、森林覆盖率对本地碳压力产生抑制作用。经过对比，能源强度、经济发展和森林覆盖率对本地区碳压力的直接影响最为显著，它们通过 1%的显著性检验，而且与能源强度相比，经济水平对碳压力的直接影响比较大，说明经济水平相较能源强度对于碳压力的正向推动作用更大。

（2）溢出效应。溢出效应即间接效应，反映了临界地区自变量对本区域碳压力的边际效应。由表 6-12 知，LnEI、LnPGDP、LnPA 的系数为正，且均在 1%的显著性水平下显著，表明临界地区的能源强度、经济水平和人口集聚对本地区的碳压力会产生正向的空间溢出效应。LnRD 和 LnFC 的系数为负，且分别在 1%、5%的显著性水平下显著，表明本地碳压力受临界地区的研发投资强度、森林覆盖率的影响会产生负的空间溢出效应。经过对比分析,LnEI、LnPA、LnRD的溢出效应受临界地区经济的影响比较大,其中人口集聚的空间溢出对碳压力的影响是最大的,其次是能源强度、研发投资强度。

（3）总效应。总效应由间接效应和直接效应之和构成,反映了自变量对碳压力的总体影响。由表 6-12 知,LnEI、LnPGDP、LnPA 的系数为正,表明能源强度、经济水平和人口集聚对我国整体的的碳压力会产生推动作用。LnRD和 LnFC 的系数为负,表明研发投资强度和森林覆盖率对我国整体的碳压力会产生抑制作用。经过对比分析,能源强度、经济水平、人口集聚、研发投资强度和森林覆盖率对我国各个地区碳压力的影响都是显著的,它们都在 1%的显著性水平下显著,而且能源强度、经济水平和人口集聚在影响我国整体碳压力发展中所占的比例比较大,这表明目前我国需要通过提升能源利用效率、降低能源强度、积极发展低碳经济、科学合理引导人口集聚等手段来驱动我国碳压力水平不断降低。

第七章

碳压力影响因素解耦分析方法与应用

第一节　碳压力影响因素解耦分析思路

为进一步解析各影响因素影响程度,对碳压力影响因素解耦状态进行分析。首先,梳理了碳压力影响因素解耦分析方法,包括经济合作与发展组织(OECD)解耦理论、Tapio 解耦理论、IPAT 方程。然后,结合高耗能行业、区域特点及各方法优点,构建了基于 Tapio 的高耗能行业影响因素解耦模型、基于扩展的 IPAT 的区域影响因素解耦模型。最后,针对高耗能行业,分别对核心因素经济规模(GP),次要因素排放强度(CE)、能耗强度(EI)、产业结构(GS)和固碳规模(PCA)与碳压力之间的解耦关系进行分析;针对区域方面,对起主要驱动效应的影响因素与碳压力之间的解耦关系进行分析。本章研究思路如图 7-1 所示。

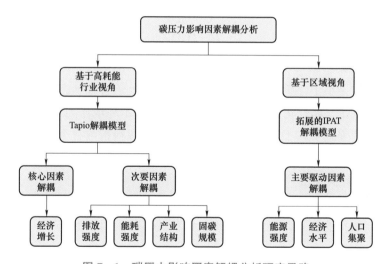

图 7-1　碳压力影响因素解耦分析研究思路

第二节　碳压力影响因素解耦分析方法与原理介绍

一、碳压力影响因素解耦分析方法

耦合指的是对于两个或两个以上的对象,他们在现实中相互作用、彼此影响的现象,反映了他们之间的联动关系。解耦就是用数学方法将他们分离开来,

解除或降低他们之间的耦合关系；通过解除各个变量之间的耦合，解除两者或多者的彼此影响。

1. OECD 解耦理论

在环境经济学领域，为测度变量之间的解耦程度，经济合作与发展组织（OECD）聚焦于经济增长与能源消费的解耦，提出了 OECD 解耦指数。该指数的概念源于经济繁荣和环境破坏之间的传统困境，因此，在环境经济研究中使用解耦一词来描述经济活动与环境退化之间的联系。

经合组织的研究设定了两种模式的解耦概念：绝对解耦与相对解耦。第一种模式，当环境变量随着时间的推移显示出稳定或下降的趋势，且与相反方向的经济变化形成鲜明对比时，就会发生绝对解耦。第二种模式，当环境相关变量的增长率为正但低于经济增长率时，就会发生相对解耦。因此，OECD 解耦指数可表示为：

$$\delta = \frac{C_t / \mathrm{GDP}_t}{C_{t-1} / \mathrm{GDP}_{t-1}} \qquad (7-1)$$

OECD 解耦指数可以估计为所选时段期末和期初 CO_2 排放量与 GDP 的比值。当指数结果小于 1 时，表示在选定时间段内处于解耦状态；当指数结果大于 1 时，表示处于耦合状态；当指数接近 1 时，表示环境压力处于较小的状态；当解耦指数为零或负，不能判断。同时，OECD 解耦指数有个缺点，即会随着基期选择的变化而变化。

2. Tapio 解耦理论

Tapio 解耦模型是 Tapio 在 OECD 解耦模型基础上加入弹性理论构建而成，消除了基期选择的误差，已经成为衡量解耦关系的常用模型之一。其计算公式如下：

$$\varphi_{\mathrm{C,GDP}} = \frac{\Delta C / C}{\Delta \mathrm{GDP} / \mathrm{GDP}} \qquad (7-2)$$

式中：$\varphi_{\mathrm{C,GDP}}$ 为 GDP 增长与碳排放的脱钩弹性指数；C 和 GDP 分别为碳排放量和国内生产总值的基期数值；ΔC 和 $\Delta \mathrm{GDP}$ 分别为现期与基期的差值。

该模型在 OECD 解耦模型的基础上将解耦状态进一步细化，依据 $\Delta C / C$ 和 $\Delta \mathrm{GDP} / \mathrm{GDP}$ 的正负以及脱钩弹性值将解耦状态分为 8 类，从而可以更好地区分解耦状态，描述二者之间的连动关系，使结果更有效和可靠。8 类解耦状况及其含义如表 7-1 所示。

表 7-1　　　　　　　　　　　解耦状态与解耦指标范围

解耦状态		$\Delta C/C$	$\Delta GDP/GDP$	$\varphi_{C,GDP}$
负脱钩	扩张负脱钩	+	+	$(1.2,+\infty)$
	强负脱钩	+	−	$(-\infty,0)$
	弱负脱钩	−	−	$[0,0.8)$
连结	扩张连结	+	+	$[0.8,1.2]$
	衰退连结	−	−	$[0.8,1.2]$
脱钩	弱脱钩	+	+	$[0,0.8)$
	强脱钩	−	+	$(-\infty,0)$
	衰退脱钩	−	−	$(1.2,+\infty)$

3. IPAT 方程

1972 年，保罗·埃尔利希和霍尔德伦共同提出了 IPAT 方程，该方程是最早用于分析多种因素对环境退化所起作用的简易理论框架之一，具体公式如下：

$$I = PAT \tag{7-3}$$

式中：I 为某个团体或国家的环境影响，可以用资源消耗或废弃物累积来表示；P 为人口规模；A 为人均富裕度，指代人均经济活动水平，可以用实际人均 GDP 表示；T 为技术水平，由 I、P 和 A 共同决定。

由于人均富裕度（A）通常由实际人均 GDP 代表，所以 $PA = P(GDP/P) = GDP$，因此根据定义，$T = I/(PA) = I/GDP$，也就是说，技术水平（T）代表的是单位经济活动的环境损耗，取决于用于生产产品和服务的技术以及社会组织和文化决定的技术应用方式。

二、高耗能行业碳压力解耦分析方法

1. Tapio 理论的解耦指数模型

为更加全面分析碳压力影响因素作用效应，本节在碳压力因素分解的基础上，构建 Tapio 解耦指数模型，分析六大高耗能行业碳压力与经济发展间的解耦关系，研究六大高耗能行业碳压力的解耦特征，并且进一步分析各影响因素对其解耦关系的影响，以阐明各影响因素对高耗能行业碳压力与经济发展之间解耦的影响效应。参考沈叶等的做法，解耦一般原理计算公式为：

$$e = \pm \frac{(C_t - C_0)/Y_0}{(X_t - X_0)/X_0} = \pm \frac{\Delta Y / Y_0}{\Delta X / X_0} = \pm \frac{\Delta Y}{\Delta X} \times \frac{X_0}{Y_0} \qquad (7-4)$$

式中：e 为解耦指数；X 为自变量；Y 为因变量；ΔY 为因变量变化量；ΔX 为自变量变化量；Y_0 为基期因变量值；X_0 为基期自变量值；"±" 表示因变量与自变量相互作用的方向，"+" 号表明研究期内自变量变动与因变量同向变化，"−" 号表明研究期内自变量变动与因变量异向变化。

基于基本原理，设定高耗能行业碳压力解耦指数，反映高耗能行业碳压力与经济发展之间的关系式为：

$$e_{\mathrm{CEP}_i} = \frac{\Delta \mathrm{CEP}_i / \mathrm{CEP}_i^0}{\Delta \mathrm{IVA}_i / \mathrm{IVA}_i^0} = \frac{\Delta \mathrm{CEP}_i}{\Delta \mathrm{IVA}_i} \times \frac{\mathrm{IVA}_i^0}{\mathrm{CEP}_i^0} = \frac{\mathrm{CEP}_i^T - \mathrm{CEP}_i^0}{\mathrm{IVA}_i^T - \mathrm{IVA}_i^0} \times \frac{\mathrm{IVA}_i^0}{\mathrm{CEP}_i^0} \qquad (7-5)$$

式中：e_{CEP_i} 为行业 i 碳压力与经济发展的解耦指数；$\Delta \mathrm{CEP}_i$ 为行业 i 碳压力计算期与基准期的差值；$\Delta \mathrm{IVA}_i$ 为行业 i 的行业增加值计算期与基准期的差值；CEP_i^T 与 CEP_i^0 分别为行业 i 碳压力计算期与基准期的值；IVA_i^T 与 IVA_i^0 分别为行业的行业 i 增加值计算期与基准期的值。

根据解耦指数，按照解耦状态划分（见表 7-2），可以更有效地分析不同时期内高耗能行业碳压力与经济发展之间的解耦关系。

表 7-2　　　　　　　　碳排放与经济增长的解耦状态划分

解耦状态		ΔCEP	ΔIVA	e_{CEP}	含义
解耦	强解耦	<0	>0	$e_{\mathrm{CEP}}<0$	经济增长，碳压力下降，最好
	弱解耦	>0	>0	$0 \leqslant e_{\mathrm{CEP}}<0.8$	经济增速大于碳压力增速，较好
	隐形解耦	<0	<0	$e_{\mathrm{CEP}} \geqslant 1.2$	碳压力减速大于经济减速
耦合	扩张耦合	>0	>0	$0.8 \leqslant e_{\mathrm{CEP}}<1.2$	经济、碳压力增速相当
	隐形耦合	<0	<0	$0.8 \leqslant e_{\mathrm{CEP}}<1.2$	经济、碳压力减速相当
负解耦	强负解耦	>0	<0	$e_{\mathrm{CEP}}<0$	经济下降，碳压力上升，最不好
	弱负解耦	<0	<0	$0 \leqslant e_{\mathrm{CEP}}<0.8$	碳压力减速小于经济，较不理想
	扩张负解耦	>0	>0	$e_{\mathrm{CEP}} \geqslant 1.2$	碳压力增速大于经济，较不理想

2. 次要因素解耦驱动贡献分析模型

基于 Tapio 解耦指数模型和 LMDI 指数分解模型构建碳压力次要因素解耦驱动贡献分析模型，反映一定时期内排放强度（CE）、能耗强度（EI）、固碳规模（PCA）、产业结构（GS）各因素对于高耗能行业碳压力与经济发展之间解耦的作用。

本书中，排放强度因素是指在六大高耗能行业发展的过程中，每消耗一单位能源所带来的碳排放量；能耗强度因素是指在六大高耗能行业发展的过程中，每单位行业产值所消耗的能源量（转化为标准煤的形式）；产业结构因素指的是六大高耗能行业各行业的产业增加值占国内生产总额的比例；固碳规模因素指的是森林与草原面积固碳能力。

解耦驱动贡献分析模型构建过程如下：

将行业 i 碳压力变化量按照下式分解：

$$\Delta CEP_i = CEP_i^T - CEP_i^0 = \Delta CEP_{iCE} + \Delta CEP_{iEI} + \Delta CEP_{iGS} + \Delta CEP_{iGP} + \Delta CEP_{iPCA} \quad (7-6)$$

式中：ΔCEP_i 为总效应；ΔCEP_{iCE} 为排放强度效应；ΔCEP_{iEI} 为能耗强度效应；ΔCEP_{iGS} 为产业结构效应；ΔCEP_{iGP} 为经济规模效应；ΔCEP_{iPCA} 为固碳规模效应。

将式（7-6）中经济规模效应排除，除去 ΔCEP_{iGP}，次要因素解耦驱动贡献值可表示为：

$$
\begin{aligned}
f_{CEP_i} &= \frac{\Delta CEP_i - \Delta CEP_{iGP}}{\Delta IVA_i} \times \frac{IVA_i^0}{CEP_i^0} \\
&= \frac{\Delta CEP_{iCE} + \Delta CEP_{iEI} + \Delta CEP_{iGS} + \Delta CEP_{iPCA}}{\Delta IVA_i} \times \frac{IVA_i^0}{CEP_i^0} \\
&= \frac{\Delta CEP_{iCE}}{\Delta IVA_i} \times \frac{IVA_i^0}{CEP_i^0} + \frac{\Delta CEP_{iEI}}{\Delta IVA_i} \times \frac{IVA_i^0}{CEP_i^0} + \frac{\Delta CEP_{iGS}}{\Delta IVA_i} \times \frac{IVA_i^0}{CEP_i^0} + \frac{\Delta CEP_{iPCA}}{\Delta IVA_i} \times \frac{IVA_i^0}{CEP_i^0} \\
&= f_{CE_i} + f_{EI_i} + f_{GS_i} + f_{PCA_i}
\end{aligned}
$$

$$(7-7)$$

式中：f_{CEP_i} 为高耗能行业 i 剔除经济增长效应后的整体碳压力解耦贡献值；f_{CE_i} 为高耗能行业 i 碳压力排放强度解耦驱动贡献值；f_{EI_i} 为高耗能行业 i 碳压力能耗强度解耦驱动贡献值；f_{GS_i} 为高耗能行业 i 碳压力产业结构解耦驱动贡献值；f_{PCA_i} 为高耗能行业 i 碳压力固碳规模解耦驱动贡献值，此值大于 0 时阻碍解耦，小于 0 时促进解耦。

三、区域碳压力解耦分析方法

解耦方法类似于经济学中的弹性系数，可以反映一个变量的变化对另一个变量的影响，并能通过解耦状态和临界值分布的不同展现特殊的经济意义。目前常用的解耦方法有 Tapio 解耦和 IPAT 解耦。其中，IPAT 解耦的准确度较低但

可以得到临界值，并且可以对解耦变量进行定量分析。为让 IPAT 解耦扬长避短，通过将 IPAT 与 Tapio 解耦相结合来改善 IPAT 解耦，其方法如下所示：

$$CFP = \frac{CFP}{GDP} \times GDP = T \times GDP \qquad (7-8)$$

$$i = \frac{CFP_n - CFP_{n-1}}{CFP_{n-1}} \qquad (7-9)$$

$$g = \frac{GDP_n - GDP_{n-1}}{GDP_{n-1}} \qquad (7-10)$$

$$t = \frac{T_n - T_{n-1}}{T_{n-1}} \qquad (7-11)$$

式中：i、g 和 t 分别为 CFP、GDP 和 CFP 强度的增长率；n 和 $n-1$ 分别为研究报告期和基期。

将式（7-8）～式（7-11）结合起来，如下所示：

$$
\begin{aligned}
i &= \frac{CFP_n - CFP_{n-1}}{CFP_{n-1}} \\
&= \frac{T_n\,GDP_n - T_{n-1}\,GDP_{n-1}}{T_{n-1}\,GDP_{n-1}} \\
&= \frac{T_n\,GDP_n}{T_{n-1}\,GDP_{n-1}} - 1 \qquad (7-12) \\
&= (1+t)(1+g) - 1 \\
&= t + g + tg
\end{aligned}
$$

Tapio 解耦模型中的 CFP 与 GDP 之间的解耦指数 α 如下所示：

$$\alpha = \frac{i}{g} \qquad (7-13)$$

CFP 强度变化率的临界值 t 如下所示：

$$t = \frac{(\alpha-1)g}{1+g} \qquad (7-14)$$

根据 Tapio 解耦方法，将 $\alpha = 0$、$\alpha = 0.8$ 和 $\alpha = 1.2$ 代入式（7-14），获得解耦状态分区的新标准。扩展 IPAT 解耦方法的解耦状态划分标准见表 7-3。

表 7-3　　　　　　　　扩展 IPAT 解耦方法的解耦状态划分标准

g	t	解耦状态
≥ 0	$\left(-\infty, \dfrac{-g}{1+g}\right)$	强解耦
≥ 0	$\left[\dfrac{-g}{1+g}, \dfrac{-0.2g}{1+g}\right)$	弱解耦
≥ 0	$\left[\dfrac{-0.2g}{1+g}, \dfrac{0.2g}{1+g}\right)$	扩张耦合
≥ 0	$\left[\dfrac{0.2g}{1+g}, +\infty\right)$	扩张负解耦
< 0	$\left(\dfrac{-g}{1+g}, +\infty\right)$	强负解耦
< 0	$\left[\dfrac{-0.2g}{1+g}, \dfrac{-g}{1+g}\right)$	弱负解耦
< 0	$\left[\dfrac{0.2g}{1+g}, \dfrac{-0.2g}{1+g}\right)$	隐形耦合
< 0	$\left(-\infty, \dfrac{0.2g}{1+g}\right)$	隐形解耦

第三节　高耗能行业碳压力影响因素解耦分析方法应用

第六章将高耗能行业碳压力影响因素分解成五大效应，研究明显发现经济规模效应（GP）对行业碳压力的影响程度最大。本节将通过解耦指数探究高耗能行业碳压力与经济增长的解耦关系，并在此基础上分析其他影响因素对碳压力解耦的驱动贡献情况。因此，本节采用 Tapio 解耦指标对六大高耗能行业的核心因素（GP）与碳压力之间的解耦关系进行研究，并进一步分析排放强度（CE）、能耗强度（EI）、产业结构（GS）和固碳规模（PCA）等次要因素对行业碳压力与核心因素（GP）解耦的驱动贡献程度，为下一步碳压力预测分析的参数设置奠定基础。

一、高耗能行业碳压力核心因素解耦分析

由因素分解结果可知，在六大高耗能行业发展的过程当中，经济增长始终是碳压力增长最主要的影响因素。因此，本节研究经济增长与碳压力的解耦情

况，以2000年为基期，基于式（7-5）计算碳压力与行业增加值的解耦指数，评估各行业经济增长与碳压力间的响应关系，了解当前解耦状态，为进一步实现强解耦指明方向。我国六大高耗能行业碳压力与经济发展的解耦指数如表7-4所示。

由表7-4可知，整体而言，经济增长与我国六大高耗能行业碳压力之间的解耦关系发展逐渐向好，并且在波动之后趋于稳定的弱解耦状态。其次，我国六大高耗能行业在不同年份经济发展与碳压力呈现出不同的解耦状态，大致可以分为两个阶段。

表7-4　　　　　　六大高耗能行业碳压力与经济发展的解耦指数

年份	2001	2002	2003	2004	2005	2006	2007
石油加工、炼焦及核燃料加工业	0.2095	0.0670	0.3170	0.4217	0.1838	0.3044	0.2743
	弱解耦	弱解耦	弱解耦	弱解耦	弱解耦	弱解耦	弱解耦
化学原料及化学制品制造业	0.1027	0.5941	0.2812	0.5815	0.3475	0.3500	0.3323
	弱解耦	弱解耦	弱解耦	弱解耦	弱解耦	弱解耦	弱解耦
非金属矿物制品业	1.6037	0.8602	0.7981	0.8316	0.5161	0.4106	0.3390
	扩张负解耦	扩张耦合	弱解耦	扩张耦合	弱解耦	弱解耦	弱解耦
黑色金属冶炼及压延加工业	0.5810	0.4266	0.4039	0.3273	0.2878	0.2813	0.2618
	弱解耦	弱解耦	弱解耦	弱解耦	弱解耦	弱解耦	弱解耦
有色金属冶炼及压延加工业	-0.0525	0.5659	0.2410	0.2219	0.1979	0.1786	0.1522
	强解耦	弱解耦	弱解耦	弱解耦	弱解耦	弱解耦	弱解耦
电力、热力的生产和供应业	0.4389	0.5427	0.7669	0.5350	0.3795	0.3809	0.3124
	弱解耦	弱解耦	弱解耦	弱解耦	弱解耦	弱解耦	弱解耦
年份	2008	2009	2010	2011	2012	2013	2014
石油加工、炼焦及核燃料加工业	0.2900	0.3281	0.2607	0.2524	0.2387	0.2311	0.1872
	弱解耦	弱解耦	弱解耦	弱解耦	弱解耦	弱解耦	弱解耦
化学原料及化学制品制造业	0.3908	0.3299	0.2841	0.3240	0.2773	0.2622	0.2185
	弱解耦	弱解耦	弱解耦	弱解耦	弱解耦	弱解耦	弱解耦
非金属矿物制品业	0.3987	0.3858	0.3579	0.3587	0.3338	0.3034	0.2787
	弱解耦	弱解耦	弱解耦	弱解耦	弱解耦	弱解耦	弱解耦
黑色金属冶炼及压延加工业	0.3742	0.4156	0.3638	0.3439	0.3388	0.3394	0.3141
	弱解耦	弱解耦	弱解耦	弱解耦	弱解耦	弱解耦	弱解耦

续表

年份	2008	2009	2010	2011	2012	2013	2014
有色金属冶炼及压延加工业	0.2836	0.2654	0.1926	0.1721	0.1425	0.1422	0.1252
	弱解耦	弱解耦	弱解耦	弱解耦	弱解耦	弱解耦	弱解耦
电力、热力的生产和供应业	0.3328	0.3361	0.3208	0.3290	0.3338	0.3365	0.2891
	弱解耦	弱解耦	弱解耦	弱解耦	弱解耦	弱解耦	弱解耦
年份	2015	2016	2017	2018	2019	2020	2021
石油加工、炼焦及核燃料加工业	0.2532	0.1631	0.1642	0.1479	0.1969	0.2032	0.1997
	弱解耦	弱解耦	弱解耦	弱解耦	弱解耦	弱解耦	弱解耦
化学原料及化学制品制造业	0.2601	0.1916	0.1486	0.0967	0.0632	0.0204	0.0051
	弱解耦	弱解耦	弱解耦	弱解耦	弱解耦	弱解耦	弱解耦
非金属矿物制品业	0.3034	0.2787	0.2164	0.1762	0.1743	0.1847	0.1481
	弱解耦	弱解耦	弱解耦	弱解耦	弱解耦	弱解耦	弱解耦
黑色金属冶炼及压延加工业	0.2867	0.2730	0.2400	0.2312	0.2369	0.2470	0.1943
	弱解耦	弱解耦	弱解耦	弱解耦	弱解耦	弱解耦	弱解耦
有色金属冶炼及压延加工业	0.1162	0.0947	0.0865	0.0855	0.0831	0.0771	0.0645
	弱解耦	弱解耦	弱解耦	弱解耦	弱解耦	弱解耦	弱解耦
电力、热力的生产和供应业	0.2703	0.2699	0.2607	0.2612	0.2620	0.2700	0.2553
	弱解耦	弱解耦	弱解耦	弱解耦	弱解耦	弱解耦	弱解耦

第一阶段为2001—2004年，这阶段我国高耗能行业碳压力与经济增长解耦状态有扩张负解耦、扩张耦合、弱解耦、强解耦4种，扩张负解耦的存在体现出行业碳压力增速大于经济增速，不利于解耦。

第二阶段为2005—2021年，解耦状态主要是弱解耦，这可能是因为六大高耗能行业响应国家号召，关闭了一批高污染、高耗能企业。以上变化说明我国高耗能行业碳排放在近十多年间实现了解耦效果的良好改善，在该时期电力、钢铁、有色、石化等行业都投入了大量资金到低碳绿色生产技术的研发中，使得该时期的技术进步带动了碳排放水平的显著降低。

二、高耗能行业碳压力次要因素解耦分析

以2000年为基期，根据式（7-7）将高耗能行业碳压力与经济发展之间的

解耦关系分解为不同因素的解耦驱动贡献程度，对排放强度解耦驱动贡献值、能耗强度解耦驱动贡献值、产业结构解耦驱动贡献值和固碳规模解耦驱动贡献值进行分析研究。

1. 排放强度解耦驱动贡献分析

一般而言，碳排放量变化与能源消费结构的趋势有着十分紧密的联系，单位能源碳排放越小，消费结构越清洁，排放强度越低，对高耗能行业碳压力与经济发展的解耦促进效果越强。我国六大高耗能行业碳压力排放强度解耦贡献值如图 7-2 所示。

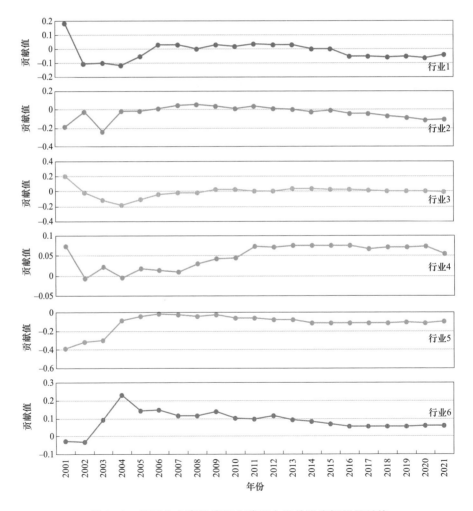

图 7-2　我国六大高耗能行业碳压力排放强度解耦贡献值

由图 7-2 可知，排放强度（CE）对于六大高耗能行业碳压力与经济发展解耦的驱动贡献作用表现不一致。对于有色金属冶炼及压延加工业（行业 5）而言，行业的排放强度解耦驱动贡献值指标均小于 0，排放强度效应表现出对行业碳压力与经济发展解耦的促进作用，但促进作用效应呈边际递减特征；对于非金属矿物制品业（行业 3）、黑色金属冶炼及压延加工业（行业 4）、电力、热力的生产和供应业（行业 6）而言，行业的排放强度解耦驱动贡献值指标基本大于 0，排放强度效应表现为抑制解耦作用，不过抑制作用较弱；对于行业石油加工、炼焦及核燃料加工业（行业 1）、化学原料及化学制品制造业（行业 2）而言，在"十五"期间排放强度效应解耦驱动贡献值均有正有负，对行业碳压力与经济发展解耦有促进作用也有抑制作用，没有明显特征。在"十一五"时期后，行业的排放强度解耦驱动贡献值指标由正到负，逐渐由抑制解耦转变为促进解耦，且对于行业 2 的促进作用最强，主要是由于国家和政府加快能源结构调整、推广清洁能源的广泛使用、优化产业结构所导致的。

2. 能耗强度解耦驱动贡献分析

一般而言，在高耗能行业的发展当中，创新投入力度越高，采用的高新技术和设备越多，资源投入产出效率就越高，从而降低能源强度，对高耗能行业碳压力与经济发展的解耦促进效果越强。我国六大高耗能行业能耗强度解耦驱动贡献值如图 7-3 所示。

由图 7-3 可知，能耗强度效应对于六大高耗能行业碳压力与经济发展解耦的驱动贡献作用表现基本一致，行业差异不显著。对于非金属矿物制品业（行业 3），在"十五"期间，行业的能耗强度解耦驱动贡献值波动频繁，其解耦驱动贡献值有正有负，对行业碳压力与经济发展解耦有促进作用也有抑制作用，在"十一五""十二五"和"十三五"时期，行业的能耗强度解耦驱动贡献值均小于 0，能耗强度效应表现出对行业碳压力与经济发展解耦的促进作用；对于石油加工、炼焦及核燃料加工业（行业 1）、化学原料及化学制品制造业（行业 2）、黑色金属冶炼及压延加工业（行业 4）、有色金属冶炼及压延加工业（行业 5）、电力、热力的生产和供应业（行业 6）而言，行业的能耗强度解耦驱动贡献值指标均小于 0，能耗强度效应表现出对行业碳压力与经济发展解耦的促进作用，反映了国家能耗强度优化政策的有效性。但随着时间的不断推移，能耗强度促进作用的边际效用逐步递减。另外不同行业表现出不同程度的解耦驱动贡献程度，其中，石油加工、炼焦及核燃料加工业（行业 1），电力、热力的生产和供应业（行业 6）的能耗强度效应对于行业碳压力与经济发展解耦的贡献相对于行业 2、3、4、5 较大。反映了国家加大高耗能行业的创新投入力度，助力传统高能耗生产向节能减排的发展方向发展。这与 Dong 等人的研究结果吻合，在该研究中，技术创新带动碳减排绩效提升。

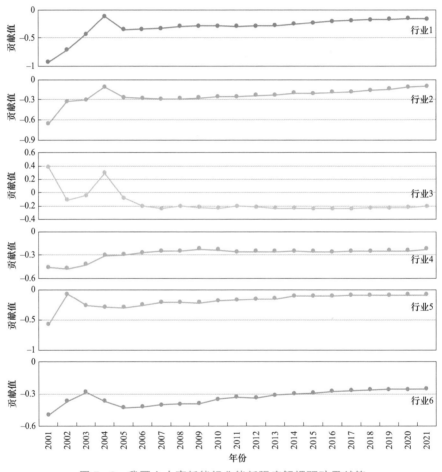

图 7-3 我国六大高耗能行业能耗强度解耦驱动贡献值

3. 产业结构解耦驱动贡献分析

一般情况下，工业在全行业经济当中所占的比重越大，碳压力与经济增长进行解耦的压力也越大，而六大高耗能行业又是工业的重要组成部分，因此分析产业结构解耦驱动贡献值是有必要的。我国六大高耗能行业产业结构因素的解耦驱动贡献值如图 7-4 所示。

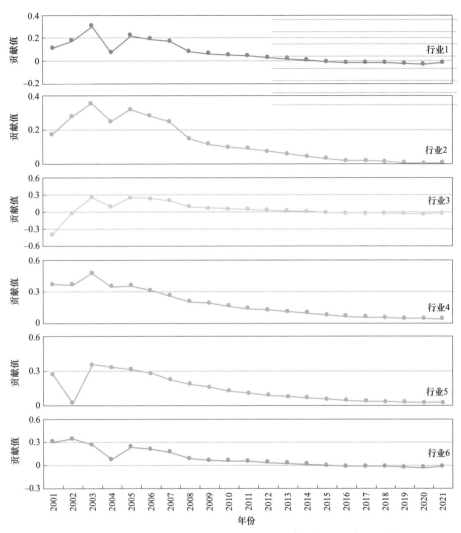

图 7-4　我国六大高耗能行业产业结构因素的解耦驱动贡献值

由图 7-4 可知，产业结构对于六大高耗能行业碳压力与经济发展解耦的驱动贡献作用表现不一致。一方面，对于化学原料及化学制品制造业（行业 2）、黑色金属冶炼及压延加工业（行业 4）、有色金属冶炼及压延加工业（行业 5）三个行业而言，产业结构解耦驱动贡献值指标均大于 0，产业结构效应表现出对行业碳压力与经济发展解耦的抑制作用，但随着时间的不断推移，结构抑制作用的边际效用在逐步递减。另一方面，对于石油加工、炼焦及核燃料加工业（行业 1），非金属矿物制品业（行业 3），电力、热力的生产和供应业（行业 6）而言，在"十五"及"十一五"期间，产业结构解耦驱动贡献值波动频繁，在此期间，行业的产业结构效应解耦驱动贡献值多大于 0，在"十二五"和"十三五"时期，行业的产业结构解耦驱动贡献值指标基本小于 0，产业结构效应表现出对行业碳压力与经济发展解耦的促进作用，反映了国家产业结构优化政策的有效性。

4．固碳规模解耦驱动贡献分析

通常来说，固碳规模的增加会加强碳吸收能力，从而降低行业碳压力，也会对行业碳压力与经济发展的解耦造成一定的影响。我国六大高耗能行业固碳规模解耦驱动贡献值如图 7-5 所示。

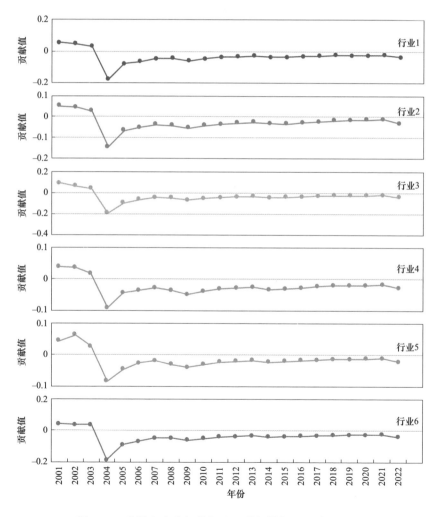

图 7-5　我国六大高耗能行业固碳规模解耦驱动贡献值

由图 7-5 可知，固碳规模效应对于六大高耗能行业碳压力与经济发展解耦的驱动贡献作用表现基本一致，行业差异不显著，且变化趋势较为明显，可以分为两个阶段分析，在"十五"期间，行业的固碳规模解耦驱动贡献值波动频繁，在此期间，行业的固碳规模效应解耦驱动贡献值有正有负，对行业碳压力与经济发展解耦有促进作用也有抑制作用，整体而言，促进作用相对微弱；在"十一五""十二五"和"十三五"时期，行业的固碳规模解耦驱动贡献值指标全部小于 0，固碳规模效应表现出对行业碳压力与经济发展解耦的促进作用，反映了国家固碳规模优化政策的有效性。但随着不断发展，固碳规模促进作用的边际效用在逐步递减。另外不同行业表现出不同程度的解耦驱动贡献程度，其中，固碳规模效应对于石油加工、炼焦及核燃料加工业（行业 1）、化学原非金属矿物制品业（行业 3），电力、热力的生产和供应业（行业 6）的碳压力与经济发展解耦的贡献相对于化学原料及化学制品制造业（行业 2）、黑色金属冶炼及压延加工业（行业 4）、有色金属冶炼及压延加工业（行业 5）较大。这是国家践行生态文明建设的反映，通过加强植树造林、林地恢复、丰产林管理、采伐管理、森林防火和病虫害控制等增加森林面积，提高陆地生态系统碳吸收的能力。

第四节　区域碳压力影响因素解耦分析方法应用

第六章将区域碳压力影响因素分解成五大指标，研究发现能源强度（EI）、经济水平（PGDP）、人口集聚（PA）、研发投资强度（RD）、森林覆盖率（FC）对区域碳压力的影响程度显著，其中能源强度、经济水平和人口集聚会对区域的碳压力产生促进作用考虑到研发投资强度、森林覆盖率因素在较短时间尺度上的变化较小且主要呈抑制作用，为了进一步解析影响因素对碳压力的驱动效应，本节将通过解耦指数重点探究对区域碳压力起促进作用的影响因素的解耦关系。因此，本节采用扩展的 IPAT 解耦方法对能源强度、经济水平和人口集聚影响因素与碳压力之间的解耦驱动效应进行研究。

一、能源强度解耦分析

由影响因素分析结果可知，在能源清洁化转型进程尚未取得最终成果的现在，能源强度仍然是碳压力增长主要的驱动因素。因此，以 2000 年为基期，使用扩展的 IPAT 解耦方法计算碳压力与能源强度的解耦指数，评估典型省域能源强度与碳压力间的响应关系、分析当前解耦状态。

综合近二十年的发展历程，2000—2021 年我国典型省域碳压力与能源强度解耦指数如表 7-5 所示。

表 7-5　　2000—2021 年我国典型省域碳压力与能源强度解耦指数

城市	i	g	α	判断条件			t	解耦状态
				$\dfrac{-g}{1+g}$	$\dfrac{-0.2g}{1+g}$	$\dfrac{0.2g}{1+g}$		
北京	−0.44	−0.86	0.51	6.32	1.26	−1.26	3.12	弱负解耦
天津	0.49	−0.65	−0.76	1.83	0.37	−0.37	3.21	强负解耦
河北	0.64	−0.61	−1.06	1.55	0.31	−0.31	3.19	强负解耦
山西	15.32	−0.76	−20.08	3.22	0.64	−0.64	67.82	强负解耦
内蒙古	6	−0.48	−12.5	0.92	0.18	−0.18	12.48	强负解耦
辽宁	0.83	−0.57	−1.46	1.3	0.26	−0.26	3.2	强负解耦
吉林	0.82	−0.73	−1.13	2.64	0.53	−0.53	5.64	强负解耦
黑龙江	0.86	−0.58	−1.49	1.39	0.28	−0.28	3.44	强负解耦
上海	−0.4	−0.72	0.56	2.6	0.52	−0.52	1.15	弱负解耦
江苏	0.05	−0.7	−0.07	2.35	0.47	−0.47	2.52	强负解耦
浙江	3.58	−0.65	−5.47	1.89	0.38	−0.38	12.23	强负解耦
安徽	1.78	−0.76	−2.34	3.18	0.64	−0.64	10.62	强负解耦
福建	4.31	−0.66	−6.57	1.9	0.38	−0.38	14.42	强负解耦
江西	2.25	−0.71	−3.15	2.49	0.5	−0.5	10.34	强负解耦
山东	2.67	−0.61	−4.36	1.57	0.31	−0.31	8.44	强负解耦
河南	1.1	−0.75	−1.47	2.97	0.59	−0.59	7.34	强负解耦
湖北	0.61	−0.76	−0.8	3.22	0.64	−0.64	5.79	强负解耦
湖南	1.33	−0.67	−1.98	2.07	0.41	−0.41	6.16	强负解耦
广东	2.21	−0.66	−3.35	1.93	0.39	−0.39	8.4	强负解耦
广西	2.16	−0.61	−3.53	1.59	0.32	−0.32	7.18	强负解耦
海南	9.38	−0.33	−28.82	0.48	0.1	−0.1	14.39	强负解耦
重庆	0.14	−0.79	−0.18	3.82	0.76	−0.76	4.52	强负解耦
四川	1.02	−0.74	−1.39	2.78	0.56	−0.56	6.65	强负解耦
贵州	1.61	−0.87	−1.84	6.91	1.38	−1.38	19.61	强负解耦
云南	0.3	−0.71	−0.42	2.46	0.49	−0.49	3.49	强负解耦
陕西	4.92	−0.72	−6.88	2.52	0.5	−0.5	19.83	强负解耦

城市	i	g	α	判断条件			t	解耦状态
				$\dfrac{-g}{1+g}$	$\dfrac{-0.2g}{1+g}$	$\dfrac{0.2g}{1+g}$		
甘肃	1.08	−0.73	−1.48	2.66	0.53	−0.53	6.6	强负解耦
青海	1.59	−0.65	−2.46	1.83	0.37	−0.37	6.34	强负解耦
宁夏	4.96	−0.58	−8.57	1.38	0.28	−0.28	13.17	强负解耦
新疆	4.1	−0.47	−8.73	0.88	0.18	−0.18	8.6	强负解耦

由表 7-5 可知，整体而言，2000—2021 年我国大部分省市都处于强负解耦状态，能源强度下降的同时碳压力不断上升。在典型省域中，仅有北京、上海两个省市呈现弱解耦状态，其碳压力减速小于能源强度下降的速度，表明当前能源强度的下降尚未对碳压力的增长起到有效的抑制效果。

为了更细致地了解区域碳压力与能源强度的解耦情况，本书测算了 2000—2021 年我国典型省份的年度解耦状况，其结果如表 7-6 所示。

表 7-6 　　　　　　　　典型省域碳压力与能源强度解耦情况

省域	解耦状态				
	2000—2001 年	2005—2006 年	2010—2011 年	2015—2016 年	2020—2021 年
北京	弱负解耦	隐形解耦	弱负解耦	隐形耦合	强负解耦
天津	弱负解耦	强负解耦	强负解耦	弱负解耦	强负解耦
河北	强负解耦	强负解耦	强负解耦	弱负解耦	弱负解耦
山西	弱解耦	强负解耦	强负解耦	隐形耦合	强负解耦
内蒙古	扩张负解耦	强负解耦	强负解耦	弱解耦	强负解耦
辽宁	隐形耦合	强负解耦	强负解耦	弱解耦	强负解耦
吉林	强负解耦	强负解耦	强负解耦	弱负解耦	强负解耦
黑龙江	弱负解耦	强负解耦	强负解耦	强负解耦	强负解耦
上海	扩张负解耦	弱负解耦	强负解耦	弱负解耦	强负解耦
江苏	强负解耦	强负解耦	强负解耦	强负解耦	强负解耦
浙江	强负解耦	强负解耦	强负解耦	弱负解耦	强负解耦
安徽	强负解耦	强负解耦	强负解耦	弱负解耦	扩张负解耦
福建	弱负解耦	强负解耦	强负解耦	隐形耦合	强负解耦
江西	强负解耦	强负解耦	强负解耦	强负解耦	强负解耦
山东	强负解耦	强负解耦	强负解耦	强负解耦	弱负解耦

续表

省域	解耦状态				
	2000—2001 年	2005—2006 年	2010—2011 年	2015—2016 年	2020—2021 年
河南	强负解耦	强负解耦	强负解耦	弱负解耦	强负解耦
湖北	弱负解耦	强负解耦	强负解耦	强负解耦	强负解耦
湖南	扩张负解耦	强负解耦	强负解耦	强负解耦	弱负解耦
广东	弱解耦	强负解耦	强负解耦	强负解耦	强负解耦
广西	弱负解耦	强负解耦	强负解耦	强负解耦	强负解耦
海南	扩张耦合	强负解耦	强负解耦	隐形耦合	弱解耦
重庆	强解耦	强负解耦	强负解耦	强负解耦	强负解耦
四川	强负解耦	强负解耦	弱负解耦	弱负解耦	强负解耦
贵州	隐形耦合	强负解耦	强负解耦	强负解耦	强负解耦
云南	强负解耦	强负解耦	强负解耦	强负解耦	隐形解耦
陕西	弱解耦	隐形解耦	强负解耦	强负解耦	隐形耦合
甘肃	强负解耦	强负解耦	强负解耦	弱负解耦	强负解耦
青海	强负解耦	强负解耦	扩张负解耦	强负解耦	强负解耦
宁夏	强负解耦	强负解耦	强负解耦	弱负解耦	强负解耦
新疆	扩张负解耦	强负解耦	强负解耦	扩张负解耦	强负解耦

从整体趋势上看，尽管大部分省市仍处于强负解耦状态，能源结构转型成效尚未凸显，如辽宁、安徽、海南等已在近期部分年份实现解耦。然而目前尚未有省市实现稳定的解耦状态，降压成效波动性极强。各省市需要继续深入推动能源消费革命、供给革命、技术革命、体制革命，着力推动能源生产消费方式绿色低碳变革，不断提升能源产业链现代化水平，加快构建清洁低碳、安全高效的能源体系，争取早日实现能源高质量发展。

二、经济水平解耦分析

由影响因素分析结果可知，经济水平对碳压力具有显著且较大的直接影响，是碳压力增长主要的驱动因素。因此，本节研究经济水平与碳压力的解耦情况，以 2000 年为基期，使用扩展的 IPAT 解耦方法计算碳压力与人均 GDP 的解耦指数，评估典型省域经济水平与碳压力间的响应关系、分析当前解耦状态。

综合近二十年的发展历程，2000—2021 年我国典型省域碳压力与经济水平解耦指数如表 7−7 所示。

表 7-7　　2000—2021 年我国典型省域碳压力与经济水平解耦指数

城市	i	g	α	判断条件			t	解耦状态
				$\dfrac{-g}{1+g}$	$\dfrac{-0.2g}{1+g}$	$\dfrac{0.2g}{1+g}$		
北京	−0.44	7.35	−0.06	−0.88	−0.18	0.18	−0.93	强解耦
天津	0.49	5.32	0.09	−0.84	−0.17	0.17	−0.76	弱解耦
河北	0.64	6.07	0.11	−0.86	−0.17	0.17	−0.77	弱解耦
山西	15.32	11.77	1.3	−0.92	−0.18	0.18	0.28	扩张负解耦
内蒙古	6	14.01	0.43	−0.93	−0.19	0.19	−0.53	弱解耦
辽宁	0.83	4.79	0.17	−0.83	−0.17	0.17	−0.68	弱解耦
吉林	0.82	7.05	0.12	−0.88	−0.18	0.18	−0.77	弱解耦
黑龙江	0.86	4.51	0.19	−0.82	−0.16	0.16	−0.66	弱解耦
上海	−0.4	4.08	−0.1	−0.8	−0.16	0.16	−0.88	强解耦
江苏	0.05	10.74	0	−0.91	−0.18	0.18	−0.91	弱解耦
浙江	3.58	7.46	0.48	−0.88	−0.18	0.18	−0.46	弱解耦
安徽	1.78	13.31	0.13	−0.93	−0.19	0.19	−0.81	弱解耦
福建	4.31	9.24	0.47	−0.9	−0.18	0.18	−0.48	弱解耦
江西	2.25	12.61	0.18	−0.93	−0.19	0.19	−0.76	弱解耦
山东	2.67	7.53	0.35	−0.88	−0.18	0.18	−0.57	弱解耦
河南	1.1	9.76	0.11	−0.91	−0.18	0.18	−0.8	弱解耦
湖北	0.61	11.04	0.06	−0.92	−0.18	0.18	−0.87	弱解耦
湖南	1.33	11.22	0.12	−0.92	−0.18	0.18	−0.81	弱解耦
广东	2.21	6.65	0.33	−0.87	−0.17	0.17	−0.58	弱解耦
广西	2.16	10.61	0.2	−0.91	−0.18	0.18	−0.73	弱解耦
海南	9.38	8.28	1.13	−0.89	−0.18	0.18	0.12	扩张耦合
重庆	0.14	14.57	0.01	−0.94	−0.19	0.19	−0.93	弱解耦
四川	1.02	12.51	0.08	−0.93	−0.19	0.19	−0.85	弱解耦
贵州	1.61	17.96	0.09	−0.95	−0.19	0.19	−0.86	弱解耦
云南	0.3	11.45	0.03	−0.92	−0.18	0.18	−0.9	弱解耦
陕西	4.92	15.74	0.31	−0.94	−0.19	0.19	−0.65	弱解耦
甘肃	1.08	9.68	0.11	−0.91	−0.18	0.18	−0.81	弱解耦
青海	1.59	10.21	0.16	−0.91	−0.18	0.18	−0.77	弱解耦
宁夏	4.96	10.81	0.46	−0.92	−0.18	0.18	−0.49	弱解耦
新疆	4.1	7.54	0.54	−0.88	−0.18	0.18	−0.4	弱解耦

由表 7–7 可知，2000—2021 年我国大部分省市都处于弱解耦状态，经济增速大于碳压力增速，绿色持续发展水平显著提升。而北京、上海两地更是达到了强解耦阶段，实现了经济增长的同时碳压力下降的理想愿景。在过去的二十余年，北京、上海的发展模式转型获得了有目共睹的成就，产业结构布局不断调整优化，污染小、附加值高的第三产业规模不断扩大并逐渐成为经济支柱，绿色低碳循环发展经济体系逐步建立健全，促进城市经济和生态环境的可持续发展，为其他城市在加快建立绿色低碳循环发展经济体系方面提供了可供参考的经验。但与此同时，也有研究显示中部西部的环境政策表现出了"污染避难所效应"，我们应警惕大型城市可能的将污染排放至周边地区以实现自身绿色低压的趋势，注意区域发展的均衡性。

除了已经实现和初步实现经济发展与碳压力增长解耦的省市，2000—2021 年在全国典型省域中，尚有山西及海南两地表现不佳。前者呈扩张负解耦状态，碳压力增速大于经济增速，后者呈扩张耦合状态，经济增速与碳压力增速相当。山西省的资源依赖性较强、海南省的经济起步较晚，这两个省份的发展情况较不理想，发展转型尚未完全取得显著成效，仍有较大的进步空间，需将其作为实现"双碳"目标的重点有针对性地铺开绿色低碳循环发展生产体系、流通体系和消费体系的相关建设。

为了更深入地了解省域碳压力与经济发展的解耦情况，本书测算了 2000—2021 年我国典型省份的年度解耦状况，挑选其中五年结果进行分析，如表 7–8 所示。

表 7–8　　　　　　　　典型省域碳压力与经济发展解耦情况

省域	解耦状态				
	2000—2001 年	2005—2006 年	2010—2011 年	2015—2016 年	2020—2021 年
北京	强解耦	强解耦	强解耦	强解耦	弱解耦
天津	强解耦	弱解耦	弱解耦	强解耦	弱解耦
河北	弱解耦	弱解耦	弱解耦	弱解耦	强解耦
山西	扩张耦合	弱解耦	扩张耦合	强解耦	弱解耦
内蒙古	弱解耦	弱解耦	扩张负解耦	弱解耦	强解耦
辽宁	强解耦	弱解耦	弱解耦	强负解耦	弱解耦
吉林	弱解耦	弱解耦	弱解耦	强解耦	弱解耦
黑龙江	强解耦	弱解耦	弱解耦	扩张负解耦	弱解耦
上海	弱解耦	强解耦	弱解耦	强解耦	弱解耦

续表

省域	解耦状态				
	2000—2001 年	2005—2006 年	2010—2011 年	2015—2016 年	2020—2021 年
江苏	弱解耦	弱解耦	弱解耦	弱解耦	弱解耦
浙江	扩张负解耦	扩张耦合	弱解耦	强解耦	扩张负解耦
安徽	弱解耦	弱解耦	弱解耦	强解耦	弱解耦
福建	强解耦	扩张耦合	扩张耦合	强解耦	扩张耦合
江西	弱解耦	扩张耦合	弱解耦	弱解耦	弱解耦
山东	扩张负解耦	弱解耦	弱解耦	弱解耦	强解耦
河南	扩张负解耦	弱解耦	扩张耦合	强解耦	弱解耦
湖北	强解耦	扩张耦合	弱解耦	弱解耦	扩张耦合
湖南	扩张耦合	弱解耦	弱解耦	弱解耦	强解耦
广东	弱解耦	扩张耦合	扩张耦合	弱解耦	扩张负解耦
广西	强解耦	扩张耦合	扩张耦合	弱解耦	弱解耦
海南	扩张耦合	扩张负解耦	扩张耦合	强解耦	弱解耦
重庆	强解耦	扩张负解耦	弱解耦	弱解耦	扩张负解耦
四川	弱解耦	弱解耦	强解耦	强解耦	弱解耦
贵州	强解耦	扩张耦合	弱解耦	弱解耦	弱解耦
云南	扩张负解耦	扩张耦合	弱解耦	弱解耦	强解耦
陕西	弱解耦	强解耦	弱解耦	扩张负解耦	强解耦
甘肃	弱解耦	弱解耦	弱解耦	强解耦	弱解耦
青海	扩张负解耦	扩张耦合	扩张负解耦	扩张负解耦	扩张耦合
宁夏	扩张耦合	弱解耦	扩张耦合	强解耦	弱解耦
新疆	弱解耦	扩张耦合	扩张耦合	扩张负解耦	弱解耦

由表 7-8 可知，区域碳压力与经济水平的解耦状态在区域间呈现集聚性与非均衡性的特征。从整体趋势上来看，大部分省域正向着解耦的方向转变，我国的环境规制及产业结构转型等一系列相关政策已经取得了一定成效。然而，仍有浙江、福建、湖北、广东、重庆、青海等部分省市降压解耦成果不稳固、区域解耦状态波动性较强。

三、人口集聚解耦分析

由影响因素分析结果可知，人口集聚不仅对碳压力起到显著的直接促进效应,同时也具有较大的正向空间溢出效应,是碳压力增长的主要因素之一。因此,本节研究人口集聚与碳压力的解耦情况,以 2000 年为基期,使用扩展的 IPAT 解耦方法计算碳压力与人口集聚的解耦指数,评估典型省域人口集聚与碳压力间的响应关系、分析当前解耦状态。

综合近二十年的发展历程,2000—2021 年我国典型省域碳压力与人口集聚解耦指数如表 7-9 所示。

表 7-9　　2000—2021 年我国典型省域碳压力与人口集聚解耦指数

城市	i	g	α	判断条件			t	解耦状态
				$\dfrac{-g}{1+g}$	$\dfrac{-0.2g}{1+g}$	$\dfrac{0.2g}{1+g}$		
北京	−0.44	0.61	−0.72	−0.38	−0.08	0.08	−0.65	强解耦
天津	0.49	0.37	1.32	−0.27	−0.05	0.05	0.09	扩张负解耦
河北	0.64	0.12	5.54	−0.1	−0.02	0.02	0.47	扩张负解耦
山西	15.32	0.07	213.52	−0.07	−0.01	0.01	14.23	扩张负解耦
内蒙古	6	0.01	508.71	−0.01	0	0	5.92	扩张负解耦
辽宁	0.83	0.01	76.78	−0.01	0	0	0.81	扩张负解耦
吉林	0.82	−0.11	−7.19	0.13	0.03	−0.03	1.06	强负解耦
黑龙江	0.86	−0.18	−4.82	0.22	0.04	−0.04	1.27	强负解耦
上海	−0.4	0.55	−0.73	−0.35	−0.07	0.07	−0.61	强解耦
江苏	0.05	0.16	0.32	−0.14	−0.03	0.03	−0.09	弱解耦
浙江	3.58	0.4	9	−0.28	−0.06	0.06	2.28	扩张负解耦
安徽	1.78	0	541.58	0	0	0	1.77	扩张负解耦
福建	4.31	0.23	18.92	−0.19	−0.04	0.04	3.32	扩张负解耦
江西	2.25	0.09	25.3	−0.08	−0.02	0.02	1.98	扩张负解耦
山东	2.67	0.13	20.45	−0.12	−0.02	0.02	2.24	扩张负解耦
河南	1.1	0.04	26.45	−0.04	−0.01	0.01	1.02	扩张负解耦
湖北	0.61	0.03	18.67	−0.03	−0.01	0.01	0.56	扩张负解耦
湖南	1.33	0.01	145.88	−0.01	0	0	1.31	扩张负解耦
广东	2.21	0.47	4.73	−0.32	−0.06	0.06	1.19	扩张负解耦
广西	2.16	0.06	35.93	−0.06	−0.01	0.01	1.98	扩张负解耦
海南	9.38	0.29	31.87	−0.23	−0.05	0.05	7.02	扩张负解耦
重庆	0.14	0.13	1.13	−0.11	−0.02	0.02	0.01	扩张耦合
四川	1.02	0.01	198.23	−0.01	0	0	1.01	扩张负解耦

城市	i	g	α	判断条件			t	解耦状态
				$\dfrac{-g}{1+g}$	$\dfrac{-0.2g}{1+g}$	$\dfrac{0.2g}{1+g}$		
贵州	1.61	0.03	62.81	−0.02	0	0	1.54	扩张负解耦
云南	0.3	0.11	2.81	−0.1	−0.02	0.02	0.17	扩张负解耦
陕西	4.92	0.09	57.88	−0.08	−0.02	0.02	4.46	扩张负解耦
甘肃	1.08	−0.01	−108.22	0.01	0	0	1.1	强负解耦
青海	1.59	0.15	10.6	−0.13	−0.03	0.03	1.25	扩张负解耦
宁夏	4.96	0.31	16.08	−0.24	−0.05	0.05	3.56	扩张负解耦
新疆	4.1	0.4	10.23	−0.29	−0.06	0.06	2.64	扩张负解耦

由表7-9可知，2000—2021年我国大部分省市处于扩张负解耦状态，碳压力增速大于人口集聚速度，说明人口集聚带来的人才效应小于人口增长引起的资源需求，发展状况较不理想。但同时，北京、上海等部分省市已到达了解耦状态，重庆市也已实现了人口集聚速度与碳压力增速相当的扩张耦合状态，这些省市的经济相对而言更加发达、对高端人才的吸引力强，从而促进了低碳技术研发进程、降低了碳压力。与之相对的是处于强负解耦状态的吉林、黑龙江、甘肃，这些省市的经济较为落后、人才流失现象也较严重，故而在人口集聚水平下降的同时碳压力水平加强。总体来说，"人才虹吸"效应在人口集聚和碳压力之间的关系较为明显。

为了更细致地了解省域碳压力与人口集聚的解耦情况，本书测算了2000—2021年我国典型省域的年度解耦状况，其结果如表7-10所示。

表7-10　　　　　　　　典型省域碳压力与人口集聚解耦情况

省域	解耦状态				
	2000—2001年	2005—2006年	2010—2011年	2015—2016年	2020—2021年
北京	强解耦	强解耦	强解耦	强解耦	强负解耦
天津	强解耦	弱解耦	扩张负解耦	强解耦	强负解耦
河北	扩张负解耦	弱解耦	扩张负解耦	强解耦	隐形解耦
山西	扩张负解耦	扩张负解耦	强负解耦	隐形解耦	强负解耦
内蒙古	扩张负解耦	扩张负解耦	强负解耦	强负解耦	隐形解耦
辽宁	强解耦	扩张负解耦	扩张负解耦	强负解耦	强负解耦

续表

省域	解耦状态				
	2000—2001 年	2005—2006 年	2010—2011 年	2015—2016 年	2020—2021 年
吉林	扩张负解耦	扩张负解耦	强负解耦	隐形解耦	强负解耦
黑龙江	强解耦	扩张负解耦	强负解耦	强负解耦	强负解耦
上海	扩张负解耦	强解耦	扩张负解耦	强解耦	扩张负解耦
江苏	扩张耦合	扩张负解耦	扩张负解耦	扩张负解耦	扩张负解耦
浙江	扩张负解耦	扩张负解耦	扩张负解耦	强解耦	扩张负解耦
安徽	扩张负解耦	强负解耦	扩张负解耦	强解耦	扩张负解耦
福建	强解耦	扩张负解耦	扩张负解耦	强解耦	扩张负解耦
江西	扩张负解耦	扩张负解耦	扩张负解耦	扩张负解耦	强负解耦
山东	扩张负解耦	扩张负解耦	扩张负解耦	扩张负解耦	强解耦
河南	扩张负解耦	扩张负解耦	扩张负解耦	强解耦	强负解耦
湖北	强解耦	强负解耦	扩张负解耦	弱解耦	扩张负解耦
湖南	扩张负解耦	扩张负解耦	扩张负解耦	扩张负解耦	隐形解耦
广东	扩张负解耦	扩张负解耦	扩张负解耦	扩张耦合	扩张负解耦
广西	强解耦	扩张负解耦	扩张负解耦	扩张负解耦	扩张负解耦
海南	扩张负解耦	扩张负解耦	扩张负解耦	强解耦	扩张负解耦
重庆	隐形解耦	扩张负解耦	扩张负解耦	扩张负解耦	扩张负解耦
四川	强负解耦	强负解耦	强解耦	强解耦	扩张负解耦
贵州	强解耦	强负解耦	扩张负解耦	扩张负解耦	强负解耦
云南	扩张负解耦	扩张负解耦	扩张负解耦	扩张负解耦	隐形解耦
陕西	扩张负解耦	强解耦	扩张负解耦	扩张负解耦	隐形解耦
甘肃	扩张负解耦	扩张负解耦	强负解耦	隐形解耦	强负解耦
青海	扩张负解耦	扩张负解耦	扩张负解耦	扩张负解耦	扩张负解耦
宁夏	扩张负解耦	扩张负解耦	扩张负解耦	强解耦	扩张负解耦
新疆	扩张负解耦	扩张负解耦	扩张负解耦	扩张负解耦	强负解耦

由表 7-10 可知，大部分省域仍处于扩张负解耦水平，同时近年状态波动性较强。一方面体现出部分省市如山东、河北等的人才引进措施取得了阶段性成效，另一方面也折射出一些省市如新疆、宁夏等存在人口增速放缓和人才加速流失问题。

第八章
碳压力预测分析方法与应用

第一节　碳压力预测分析思路

在"双碳"目标的背景下，高耗能行业作为我国碳排放的主要来源，其碳排放对我国整个生态系统"碳平衡"产生了负向作用力，给我国"双碳"目标的实现带来了较大的压力。我国区域间碳排放差异大，碳压力存在显著差异。因此，在充分考虑碳排放与碳汇的基础下，对高耗能行业及区域碳压力进行预测具有重要意义。

本章对高耗能行业及区域 2022—2030 年碳压力进行预测。首先，梳理了碳压力预测分析方法，包括 IPAT 模型、STIRPAT 模型、环境库兹涅兹曲线。然后，结合高耗能行业、区域特点及各方法优点，构建基于 STIRPAT 扩展延伸模型和 EKC 模型的高耗能行业碳压力预测分析模型、基于 LSTM 神经网络模型的区域碳压力预测模型。最后，分别对高耗能行业及区域 2022—2030 年碳压力进行预测并分析。本章研究思路如图 8-1 所示。

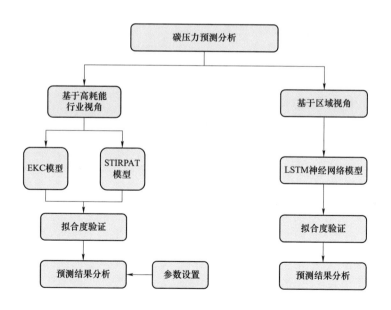

图 8-1　碳压力预测研究思路

第二节　碳压力预测分析方法与原理介绍

一、碳压力预测分析方法

1. IPAT 模型

IPAT 模型可将环境影响与人口规模、人均财富以及技术水平联系起来，计算公式如下：

$$I = aPbAcTde \qquad (8-1)$$

式中：I 为环境问题；P 为人口数量；A 为经济规模；T 为技术水平；a 为常系数；b、c、d 分别为 P、A、T 的指数；e 为误差系数。

2. STIRPAT 模型

IPAT 模型是假设没有误差的线性分析，存在一定缺陷。因此，约克等在 IPAT 模型的基础上拓展建立了 STIRPAT 模型，即

$$I_i = \alpha P_i^b A_i^c T_i^d e_i \qquad (8-2)$$

等式两边取对数：

$$\ln I_i = \ln a + b \ln P_i + c \ln A_i + d \ln T_i + \ln e_i \qquad (8-3)$$

式中：I_i 为环境问题；P_i 为人口数量；A_i 为经济规模；T_i 为技术水平；a 为常数项；e_i 为残余值；b、c、d 分别为相应因素的影响程度。

当 $a = b = c = d = 1$，STIRPAT 模型就是 IPAT 等式，STIRPAT 模型是在 IPAT 的基础上扩展得出的一种更符合实际、便于应用的形式。

3. 环境库兹涅兹曲线

此模型最初由库兹涅茨提出，用于描述人均收入水平与分配公平程度之间的关系。后来此概念被引申为环境库兹涅茨曲线（EKC），用于描述人均收入与环境之间的关系。EKC 可以反映二者之间的倒 U 形关系，即起初环境质量开始随着人均收入增加而退化，但当收入水平到达一定阈值后，环境随人均收入增加而改善。其公式如下：

$$\ln E = \alpha + \beta_1 \ln Y + \beta_2 (\ln Y)^2 + \varepsilon \qquad (8-4)$$

式中：α 为常数变量；E 为环境质量；Y 为人均 GDP；ε 为标准误差项；β_1 和 β_2 分别为估计系数。

后来，陈（Chen）等将其拓展延伸为 CKC 曲线，借此描述碳排放量与人均收入的关系。一般形式的 CKC 假设如下：

$$\ln C = \alpha + \beta_1 \ln Y + \beta_2 (\ln Y)^2 + \varepsilon \qquad (8-5)$$

式中：α 为常数变量；C 为碳排放量；Y 为人均 GDP；ε 为标准误差项；β_1 和 β_2 分别为估计系数。

在建立 CKC 假说模型后，还可以通过取式（8-5）的已知二次函数的导数来识别峰值，碳排放峰值（以人均 GDP 衡量）如下：

$$\ln Y = -\frac{\beta_1}{2\beta_2}, Y = \exp\left(-\frac{\beta_1}{2\beta_2}\right) \qquad (8-6)$$

如果 Y_0 和 Y_α 分别表示基准年和碳达峰 α 年的人均 GDP，θ 表示人均 GDP 的年均增长率，可以使用以下公式进一步计算估算 α：

$$Y_0 \times (1+\theta)^\alpha = Y_\alpha \qquad (8-7)$$

二、高耗能行业碳压力预测分析方法

结合 EKC 模型的思想，在 STIRPAT 模型的基础上扩展延伸，建立我国高耗能行业碳压力预测分析计量模型，对我国六大高耗能行业碳压力进行预测。建立的模型如下所示：

$$\ln CEP = \alpha + \beta_1 \ln CE + \beta_2 \ln EI + \beta_3 \ln GS + \beta_4 \ln GP + \beta_5 (\ln GP)^2 + \beta_6 \ln PCA + \varepsilon$$
$$(8-8)$$

进一步通过情景模拟预测不同情景下六大高耗能行业的碳压力。情景模拟是在分析相关要素历史与现状的基础上，通过预测要素未来发展趋势，设定不同的参数，从而将其代入模型预测未来情况。

三、区域碳压力预测分析方法

本章采用 LSTM 神经网络模型预测分析区域碳压力，LSTM 神经网络是一种特殊的 RNN（Recurrent Neural Network，RNN），针对 RNN 无法记忆久远信息的缺点，LSTM 神经网络在隐藏层的内部增加了特殊的门结构来对信息进行处理，且添加了一条能够保留长期记忆的信息流，解决了模型训练中"梯度消失"的问题。下面分别介绍 RNN 和 LSTM 网络的基本原理。

RNN 主要被用来处理和预测时间序列问题。传统的前馈神经网络通常通过输入层输入数据，隐含层转换处理数据，输出层输出结果，然后通过训练误差反向传递（Back-propagation Through Time，BPTT）对权值和阈值进行修正，由此能解决很多非线性预测问题，但是大多数传统前馈神经网络每层内部的神经元是独立无连接的，因而对序列问题的处理是低效的，即无法记忆它们前一时期的输出结果。而 RNN 会将上一时刻的隐藏层状态信息应用于当前输出的计算中，即隐藏层之间的神经元是有链接的，解决了神经元之间独立无连接的问题。RNN 通常指代 Elman 神经网络，一种典型的动态递归神经网络，它是在 BP 网络基本结构的基础上，在隐含层增加一个承接层，作为一步延时算子，达到记忆的目的，从而使系统具有适应时变特性的能力，增强了网络的全局稳定性，它比前馈型神经网络具有更强的计算能力，还可以用来解决快速寻优问题。

RNN 网络的记忆功能有效地应对了传统神经网络无法利用历史信息来反馈当前决策的问题。但是，在实际应用中，通常不会选择 RNN 来进行时间序列预测，因为 RNN 可能会带来长期依赖，梯度消失的问题，即当时间间隔不断增大时，RNN 会丧失学习过去较久远信息的能力，不能利用久远的关键有效信息，从而得到误差很大的结果。而 LSTM 神经网络可以解决梯度消失的问题。LSTM 网络对 RNN 网络进行了改进，其利用记忆模块代替普通的隐藏层节点，保证梯度在迭代很多时间步骤之后不消失或爆炸，提高了解决序列问题的效率。

在 LSTM 网络中适用记忆单元来代替常规的神经元，记忆单元中添加了记忆流以及门结构，即每个记忆单元由 Input Gate（输入门）、Forget Gate（遗忘门）、Output Gate（输出门）和细胞状态组成，其中，输入门用来控制信息输入，遗忘门用来控制细胞历史状态信息的保留，输出门用来控制信息输出。LSTM 记忆单元结构如图 8-2 所示。

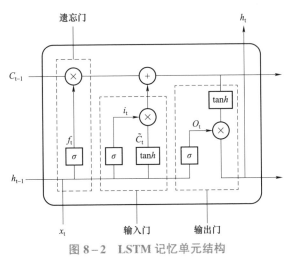

图 8-2 LSTM 记忆单元结构

x_t、h_t、C_t—t 时刻的输入、隐藏和细胞状态；h_{t-1} 和 C_{t-1}—t-1 时刻的隐藏和细胞状态；f_t、i_t 和 O_t—t 时刻的遗忘门、输入门和输出门的输出信号；$\tilde{C}_t$—即将加入细胞状态的候选向量

$$i_t = \sigma(W_{xi}x_t + W_{hi}h_{t-1} + b_i) \qquad (8-9)$$

$$f_t = \sigma(W_{xf}x_t + W_{hf}h_{t-1} + b_f) \qquad (8-10)$$

$$c_t = f_t c_{t-1} + i_t \tanh(W_{xc}x_t + b_c) \qquad (8-11)$$

$$o_t = \sigma(W_{xo}x_t + W_{ho}h_{t-1} + b_o) \qquad (8-12)$$

$$h_t = o_t \tanh(c_t) \qquad (8-13)$$

其过程可用式（8-9）~式（8-13）表示，x_t 为输入；h_t 为输出；i_t 为输入门的输出；f_t 为遗忘门的输出；C_t 为当前时刻 t 的细胞单元状态；o_t 为输出门的输出，值在[0,1]内；W 和 b 为参数矩阵；σ 和 tanh 分别为 sigmoid 激活函数和双曲正切激活函数，其值在[0,1]内，当遗忘门输出为 0 时，表示门完全关闭，没有信息流通过。为 1 时，表示门完全打开，信息流全部通过。

第三节　高耗能行业碳压力预测分析方法应用

一、数据来源

本节高耗能行业碳压力预测所需数据包括碳压力（CEP）、单位能源碳排放量（CE）、行业耗能强度（EI）、产业结构（GS）、经济规模（GP）、固碳规模（PCA）均见本书第六章第三节高耗能碳压力驱动因素分解结果。

二、模型拟合度验证

根据第二节建立的高耗能行业碳压力预测计量模型式（8-8），以 ln CEP 为因变量，以 ln CE、ln EI、ln GS、ln GP、$(\ln GP)^2$、ln PCA 为自变量，对其进行回归拟合，得到我国六大高耗能行业碳压力与排放强度、能耗强度、产业结构、经济规模和固碳规模之间的函数关系式。为了验证模型的有效性，将 2000—2021 年排放强度、能耗强度、产业结构、经济规模和固碳规模的数据分别代入式（8-8），计算 2000—2021 六大高耗能行业碳压力的模拟值，得到 R^2 系数（均大于 0.9）。为了进一步验证拟合程度，采用平均绝对百分误差（Mean Absolute Percentage Error，MAPE）检验，结果显示，六大高耗能行业碳压力拟合值与实际值 MAPE 均小于 1%，计算的 2000—2021 年碳压力模拟值与实际值基本吻合，说明拟合的方程式满足实际意义，可以进一步对我国六大高耗能行业碳压力进行预测。

三、参数及情景设置

基于情景分析理论，将高耗能行业碳压力关键影响因素作为情景模式设定考量的主要参数，各影响因素的年均增长率依据"十四五"规划目标和我国"十五"至今的发展情况来确定。基于 2001—2020 年各变量的增长率平均值，结合"十四五"规划目标，设定六大高耗能行业碳压力各因素变化率参数。其中，对 GP 和 PCA 等两个变量参考历史涨跌幅和相关预测研究来进行设定。对 CE、EI、GS 等三个变量参照历史情况，结合"十四五"规划预期来设定。通过构建低碳转型下的情景对我国六大高耗能行业碳压力进行预测。六大高耗能行业各影响因素历史年均变化率如表 8-1 所示。

表 8-1 六大高耗能行业各影响因素历史年均变化率

情景模式参数		年均变化率			
		"十五"	"十一五"	"十二五"	"十三五"
		2001—2005 年	2006—2010 年	2011—2015 年	2016—2020 年
排放强度	CE_1	−2.31%	0.05%	−2.75%	−2.36%
	CE_2	−0.14%	0.37%	−3.63%	−14.01%
	CE_3	−3.18%	3.55%	2.66%	−2.39%
	CE_4	0.81%	2.62%	1.69%	1.55%
	CE_5	−0.68%	−4.20%	−8.14%	−3.76%
	CE_6	4.68%	1.06%	−0.91%	1.25%
能耗强度	EI_1	−7.57%	−5.06%	2.62%	3.62%
	EI_2	−7.13%	−4.59%	0.24%	−2.63%
	EI_3	−2.78%	−4.87%	−5.69%	−5.05%
	EI_4	−11.78%	0.92%	−4.34%	−4.15%
	EI_5	−10.96%	6.01%	4.08%	−1.26%
	EI_6	−8.56%	−5.37%	−2.21%	−2.60%
产业结构	GS_1	8.19%	−3.33%	−3.68%	−1.53%
	GS_2	15.58%	−5.78%	−3.68%	−1.53%
	GS_3	9.28%	−5.14%	−3.68%	−1.53%
	GS_4	30.86%	−7.94%	−3.68%	−1.53%
	GS_5	23.30%	−10.01%	−3.68%	−1.53%
	GS_6	6.39%	−3.62%	−3.68%	−1.53%

续表

情景模式参数		年均变化率			
		"十五"	"十一五"	"十二五"	"十三五"
		2001—2005 年	2006—2010 年	2011—2015 年	2016—2020 年
经济规模	GP	16.23%	21.03%	9.42%	8.47%
固碳规模	PCA	−2.56%	−0.51%	−0.40%	0.36%

分析各影响因素的发展趋势首先要准确了解我国经济中长期发展情况。虽然当前我国经济发展模式距离低碳模式尚有较大差距，但"十四五"规划中加强了我国低碳政策的调控力度，未来会以更快的速度实现低碳发展。各因素历史趋势及未来发展情况具体如下所示：

（1）针对排放强度 CE 和能耗强度 EI：2001 年以来，通过提高各行业的能源效率，行业能源强度呈现下降趋势，尤其是高耗能行业。随着高耗能行业继续转型升级，强度效应将继续发挥主要的抑制作用。考虑到低碳发展模式下强度效应仍是碳减排的主要手段，本节假定排放强度和能源强度会不断下降。高耗能行业能耗变化趋势参考我国能源研究会发布的《中国能源展望 2030》，根据政策引导下未来产能下降的趋势确定。根据国务院印发的《2030 年前碳达峰行动方案》（国发〔2021〕23 号）可知，到 2025 年，单位 GDP 能源消耗比 2020 年下降 13.5%，单位 GDP 二氧化碳排放比 2020 年下降 18%，比 2005 年下降 65% 以上（到 2030 年）。由此可以计算 2025 年单位能源消耗的二氧化碳排放比 2020 年下降 5.2%。尤其电力行业，"十四五"能源规划明确指出，清洁能源装机占比由 2019 年的 41.9% 提高到 2025 年的 57.5%，清洁能源占比大幅度提高，碳排放强度进一步下降。结合历史趋势，设定各行业排放强度 CE 和能耗强度 EI 年均增长率如表 8-2 所示。

（2）针对结构因素 GS：其效应对碳排放增长的削弱作用将逐渐增强。2001 年以来，相比其他三个效应，结构效应对碳排放增长影响较弱，但自"十三五"以来，随着供给侧结构性改革的深入推进，我国出台大量产业政策加快调整产业结构，结构效应的作用逐渐增大。进入经济高质量发展阶段，我国将继续加速推进产业结构调整升级，传统高耗能行业比重逐步下降，结构效应对碳排放增长的削弱作用也逐步凸显。有关文献预测 2025 年我国二产占比降至 35.5%，有关文献预测 2030 年我国二产占比降至 32.5%，结合历史趋势，设定各高耗能行业产业结构 GS 年均增长率如表 8-2 所示。

（3）针对经济规模因素 GP：未来我国经济发展将呈现增长速度逐步放缓的趋势。经济发展虽然还是我国现阶段主要目标。2050 年我国 GDP 将达到 2502537 亿元人民币，平均增长率 5.95%。随着经济发展和城镇化进程的加快，人口增长率将呈现稳步下降趋势，2010—2020 年全国人口平均增长率为 0.53%，未来会缓慢降低。2022 年 8 月，国家卫健委发布的《谱写新时代人口工作新篇章》中显示，随着长期累积的人口负增长势能进一步释放，我国总人口增速明显放缓，"十四五"期间将进入负增长阶段。因此，结合历史趋势，未来人均 GDP 平均增长率设为 6.06%。

（4）针对固碳规模 PCA：2001—2020 年森林蓄积量基本保持稳定。随着"双碳"目标的提出，森林与草地固碳作用也逐渐被重视起来，《2030 年前碳达峰行动方案》（国发〔2021〕23 号）提出，到 2030 年，全国森林覆盖率达到 25% 左右。《"十四五"林业草原保护发展规划纲要》提出到 2025 年，森林覆盖率将达到 24.1%，森林蓄积量达到 190 亿 m^3，草原综合植被覆盖度将达到 57%。2025 年我国森林面积可达 23136 万 hm^2，草原面积可达 54720 万 hm^2，2030 年我国森林面积可达 24000 万 hm^2。因此，低碳发展情景下，自然固碳规模会逐步增大，其倒数减小，设定年均增长率如表 8-2 所示。

不同的情景模式反映了我国低碳发展的不同政策力度。综合考虑我国能源、经济、社会的发展情况和"十四五"时期的发展战略，基于上述分析，根据各因素参数的发展趋势，设计不同的情景模式。设计以下 3 种模式：基准模式是按照目前的状态惯性以及"十四五"规划的政策力度发展的；低碳模式是在"十四五"规划相关政策基础上再增加强度的政策；强化低碳模式则采取最强力的政策。具体情景模式参数设置如表 8-2 所示。

表 8-2　　　　　　　　　　情景模式参数设置

情景模式参数		基准模式	低碳模式	加强低碳模式
排放强度	CE_1	-1.20%	-1.30%	-1.40%
	CE_2	-1.40%	-1.50%	-1.60%
	CE_3	-1.10%	-1.20%	-1.30%
	CE_4	-2.70%	-2.80%	-2.90%
	CE_5	-1.20%	-1.30%	-1.40%
	CE_6	-3.40%	-3.50%	-3.60%

续表

情景模式参数		基准模式	低碳模式	加强低碳模式
能耗强度	EI_1	−2.70%	−2.80%	−2.90%
	EI_2	−1.10%	−1.20%	−1.30%
	EI_3	−1.20%	−1.30%	−1.40%
	EI_4	−3.30%	−3.40%	−3.50%
	EI_5	−2.60%	−2.70%	−2.80%
	EI_6	−3.40%	−3.50%	−3.60%
产业结构	GS_1	−1.20%	−1.30%	−1.40%
	GS_2	−0.50%	−0.60%	−0.70%
	GS_3	−0.20%	−0.30%	−0.40%
	GS_4	−2.20%	−2.30%	−2.40%
	GS_5	−1.20%	−1.30%	−1.40%
	GS_6	−2.50%	−2.60%	−2.70%
经济规模	GP	6.06%	5.96%	5.86%
固碳规模	PCA	−3.10%	−3.20%	−3.30%

四、预测结果分析

经过上述分析，本节综合考虑了我国能源、经济、社会的发展情况以及"十四五"时期乃至今后的发展战略，预判各影响因素的发展趋势的不同情景，通过计算得到六大高耗能行业碳压力峰值模拟情况如图8−3所示。

根据图8−3可知，在三种情景下，2022—2030年，除行业3（非金属矿物制品业）外，六大高耗能行业碳压力基本变化趋势为持续下降。行业3（非金属矿物制品业）碳压力在低碳情景和低碳加强情景下均呈现持续下降趋势。其中，行业1（石油加工、炼焦及核燃料加工业）、行业4（黑色金属冶炼及压延加工业）、行业6（电力、热力的生产和供应业）碳压力下降较快。

2021年，六大高耗能行业碳压力由高到低分别为行业6（电力、热力的生产和供应业）、行业4（黑色金属冶炼及压延加工业）、行业3（非金属矿物制品业）、行业1（石油加工、炼焦及核燃料加工业）、行业2（化学原料及化学制品制造业）、行业5（有色金属冶炼及压延加工业）；预计到2030年，六大高耗能

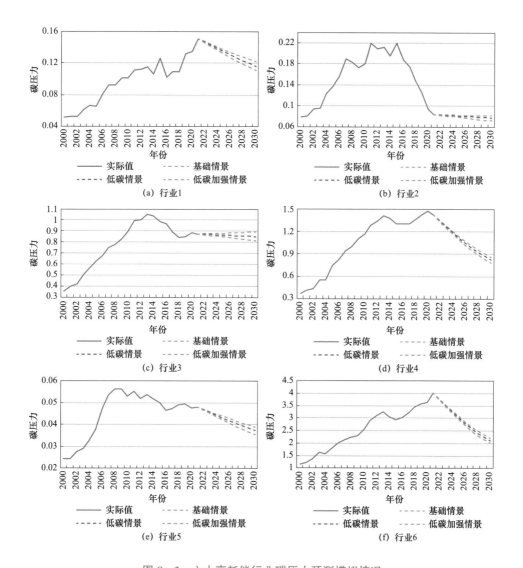

图 8-3　六大高耗能行业碳压力预测模拟情况

行业碳压力由高到低分别行业 6（电力、热力的生产和供应业）、行业 3（非金属矿物制品业）、行业 4（黑色金属冶炼及压延加工业）、行业 1（石油加工、炼焦及核燃料加工业）、行业 2（化学原料及化学制品制造业）、行业 5（有色金属冶炼及压延加工业）。行业 6（电力、热力的生产和供应业）仍为六大高耗能行业中的减排重点行业。

第四节　区域碳压力预测分析方法应用

一、数据来源

本书区域碳压力预测采用的数据是 2000—2021 年我国典型省份自治区（不包括西藏、港澳台地区）的碳压力历史数据。

二、数据标准化

本节采用 LSTM 神经网络模型进行区域碳压力预测，具体模型见本章第二节。LSTM 神经网络模型需要首先进行数据标准化，标准化采用 z-score 标准化法，对于数据集中的每一个值 x，其标准化计算公式如下：

$$x_{norm} = \frac{x - \mu}{\sigma} \tag{8-14}$$

式中：x 为原始数据；μ 为原始数据的平均值；σ 为原始数据的标准差。

在进行预测前，对 2000—2021 年我国典型省域数据进行数据标准化。以北京市为例，其数据标准化如表 8-3 所示。

表 8-3　　　　　　　　　　　北京市碳压力数据标准化

年份	数据标准化	年份	数据标准化
2000	0.22	2011	0.44
2001	0.11	2012	0.49
2002	0.28	2013	-0.34
2003	0.61	2014	27.66
2004	0.70	2015	-0.48
2005	1.79	2016	-0.83
2006	0.93	2017	-1.04
2007	0.88	2018	-1.44
2008	1.60	2019	-1.45
2009	0.48	2020	-1.65
2010	0.53	2021	-1.61

三、预测结果分析

依据 2000—2021 年我国典型省域的碳压力计算结果，结合第二节中的 LSTM 神经网络预测模型方法，进行区域碳压力预测，其预测结果如表 8-4 及图 8-4 所示。

表 8-4　　　　　　　　　　　　区域碳压力预测结果

年份	2022	2023	2024	2025	2026	2027	2028	2029	2030
北京	17.8420	17.2710	16.6990	16.1270	15.5560	14.9840	14.4130	13.8410	13.2700
天津	240.8049	242.8410	234.0571	217.9573	201.0895	196.7772	211.6307	225.6202	236.2806
河北	17.6681	20.5253	21.7056	22.3783	23.8861	24.3135	22.5026	24.2481	25.5341
山西	122.1982	122.0670	121.9513	121.8511	121.7656	121.6936	121.6335	121.5841	121.5440
内蒙古	5.9186	5.9251	5.9224	5.9175	5.9170	5.9217	5.9276	5.9306	5.9301
辽宁	23.4302	23.4310	23.4335	23.4366	23.4397	23.4423	23.4440	23.4449	23.4451
吉林	5.8707	5.8706	5.8706	5.8705	5.8705	5.8705	5.8705	5.8705	5.8705
黑龙江	3.8632	3.8574	3.8284	3.7532	3.6687	3.6040	3.5440	3.4658	3.3719
上海	505.7468	540.5273	532.0869	523.7311	446.4980	459.7017	449.6482	444.0502	423.2269
江苏	90.0603	90.0488	90.0385	90.0294	90.0212	90.0139	90.0074	90.0016	89.9964
浙江	16.1416	14.2924	11.4521	16.4847	13.8986	11.5644	16.6842	13.4732	11.8350
安徽	24.6551	24.6565	24.6581	24.6591	24.6596	24.6603	24.6609	24.6614	24.6617
福建	6.6608	6.6850	6.7197	6.6685	6.6848	6.7137	6.6742	6.6849	6.7088
江西	4.2447	4.2449	4.2451	4.2452	4.2454	4.2454	4.2455	4.2455	4.2455
山东	121.2562	121.6075	121.9223	122.2044	122.4571	122.6834	122.8861	123.0676	123.2302
河南	29.2773	29.2775	29.2776	29.2778	29.2778	29.2778	29.2778	29.2777	29.2777
湖北	7.6139	7.9231	8.3064	8.6190	8.6147	8.4073	8.5617	8.7917	8.4846
湖南	5.4738	5.4679	5.4657	5.4683	5.4718	5.4723	5.4701	5.4682	5.4685
广东	14.2605	14.2628	14.2648	14.2666	14.2682	14.2697	14.2710	14.2722	14.2733
广西	1.7969	2.3924	3.1493	3.3190	3.0112	2.8418	2.7386	2.9200	3.1477
海南	9.8202	9.8837	9.9442	9.9959	10.0391	10.0622	10.0501	9.9693	9.7465
重庆	7.9098	7.9105	7.9130	7.9073	7.9021	7.9030	7.9032	7.8997	7.8975
四川	2.6223	2.5410	2.4266	2.5447	2.9242	2.7592	2.5904	2.5827	2.4143
贵州	11.6811	11.6839	11.6864	11.6885	11.6903	11.6919	11.6933	11.6945	11.6955
云南	2.1228	2.2395	2.1896	2.0567	1.9733	2.0093	2.1527	2.2493	2.1682
陕西	5.6449	5.5679	5.4969	5.4306	5.3676	5.3072	5.2487	5.1914	5.1349

续表

年份	2022	2023	2024	2025	2026	2027	2028	2029	2030
甘肃	4.4854	4.4854	4.4854	4.4854	4.4854	4.4854	4.4854	4.4854	4.4854
青海	0.9356	1.1716	1.3495	1.2431	0.8408	0.9911	0.9355	0.8170	0.8342
宁夏	56.4705	38.4949	18.9056	72.6120	19.7208	37.6376	57.9533	14.7978	63.6619
新疆	10.8502	10.8522	10.8537	10.8548	10.8557	10.8564	10.8569	10.8572	10.8574

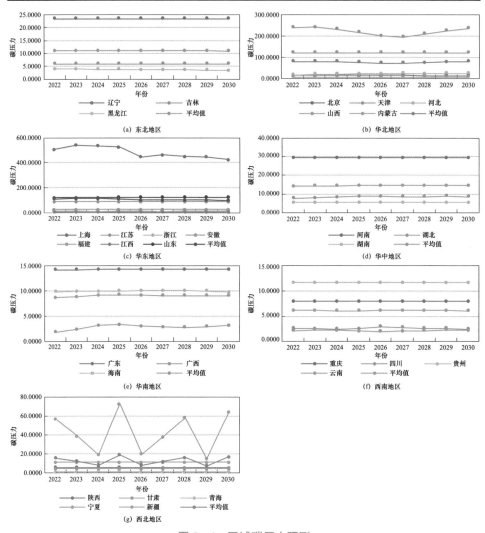

图 8-4　区域碳压力预测

1. 碳压力变化趋势

从碳压力变化趋势来看，2022 年开始，北京、山西、黑龙江、江苏、陕西地区开始呈现持续下降趋势，辽宁、安徽、江西、广东、贵州、新疆地区呈现持续上升趋势，其余地区呈现上下波动趋势。碳压力下降地区中，北京地区碳压力下降速度较快，年均降幅约为 3.63%，其次为黑龙江地区，年均降幅约为1.68%，江苏地区下降较慢，年均降幅约为 0.01%；碳压力上升地区中，贵州地区碳压力上升速度最快，年均涨幅约为 0.02%，其次为广东地区，年均涨幅约为 0.01%。

2. 区域间对比

从全国平均碳压力来看，2022—2030 年，全国平均碳压力从 45.9109 下降至 43.2899，平均年降幅约 0.63%，选取的典型省域中，有 6 个地区的碳压力高于全国平均值，分别为天津、山西、上海、江苏、山东、宁夏地区。从七大地区来看，华东、华北地区因为区域经济发展较快，人口较多等因素，其整体碳压力较多，高于全国平均值的地区较多。华中、华南、西南、东北所有地区碳压力均低于全国平均值。

3. 碳生态情况

参考第三章表 3-4 中的碳生态区域划分标准，直至 2030 年，选取的 30 个地区中，共有 23 个地区为低碳压力区，山西、山东、江苏、宁夏四个地区为中碳压力区，但仍有天津、上海两个地区为高碳压力区。

第九章
碳压力调节优化路径与建议

第一节　碳压力调节优化典型案例

随着经济的飞速发展、气候变化和环境问题的日益凸显，如何高质量推进可持续发展逐渐成为全球许多国家的发展新课题，健全碳压力减碳机制、强化碳压力减碳措施成为能源经济与生态环境协同发展的新焦点，在碳减排和可持续发展议程中占据重要地位。为减缓碳排放增速、推进生态文明同步建设，我国从高耗能行业、各级区域等多个视角开展了一系列减碳降压措施，本节从中选取部分进展较好且值得借鉴的案例进行解析。

【案例1】典型行业代表性企业A减碳降压实践

企业A作为我国最大的海上油气生产商，主营业务包括油气勘探开发、专业技术服务、炼化销售化肥及天然气、发电、金融服务、新能源等六大板块。企业A以全面建成世界一流清洁低碳综合能源产品和服务供应商为目标，高度重视产业减碳降压工作并取得了不菲的成绩，仅在2022年就实现节能27.57万t标准煤，减排二氧化碳59.66万t。2016年以来，企业A所属的多个分公司分别获得了国家和行业级绿色工厂荣誉称号和绿色供应链管理企业称号，为行业减碳降压进程的推进注入了新活力。企业A主要从促进源头减碳管控、强化过程节能减排、减少末端碳压力三大方面展开，全面推进减碳降压工作进程。

1. 促进源头减碳管控

企业A秉承"绿水青山就是金山银山"的可持续发展理念，从构建绿色低碳生产体系、健全减碳降压管理体系机制等方面入手，促进源头减碳管控，全面推进绿色低碳战略落地实施。

在构建绿色低碳生产体系方面，企业A自2017年起在国内率先实施固定资产投资项目碳排放影响评估，并将其作为项目投资建设的前置条件，从源头控制能耗水平。截至2021年5月，企业A对涉及油气开发、石油化工、发电等多个领域的60余个新建固定资产投资项目完成碳排放评价，通过碳排放影响评估，从项目设计源头推动节能减碳措施落地。

在健全减碳降压管理体系机制方面，企业A通过设立低碳管理专职机构和岗位、培育节能减排监测中心、新能源研究院、碳中和研究所等专业技术力量，形成了上下联动、多维互促的绿色低碳组织保障体系，并通过制定《石油天然气生产过程温室气体排放核算方法》等11个低碳企业标准，形成了涵盖碳排放

评估、核算及监测的标准化体系，明确了低碳职责分工以及统计方法、碳资产等各项管理要求，促进公司"双碳"工作的全面落实。

2. 强化过程节能减排

企业 A 制订并发布节能降碳行动方案，以全产业碳排放最低为目的，打通上中下游企业界限，实施绿色产业生态链工程，在科技创新支撑和驱动下，从促进生产节能化、加强能源清洁化、推动产业升级化等方面综合提升过程减排成效，打造资源节约型绿色企业，促进碳压力缓解。

在促进生产节能化方面，企业 A 大力推动节能减排项目，通过建设绿色产业生态链工程、布局碳减排技术研究、搭建能控和低碳信息管理平台，推动产业上中下游节能新技术研发应用，实现甲烷等伴生气回收利用及油田电力组网、余热利用、重点用能设备节能改造等技术实践应用，提升能源资源利用率，实现年均节能量 27.6 万 t 标准煤，累计减碳量超 300 万 t。

在加强能源清洁化方面，企业 A 大力发展绿色电力，减少高碳能源使用，稳步实施全产业链清洁能源替代。企业 A 按照近海油气平台实施"岸电工程＋陆上绿电＋海上风电"，深远海平台实施"海上风电＋绿电制氢"，陆上设施实施"外购绿电＋内部绿电"的工作思路，积极推进清洁电力替代工作。其中，企业 A 的渤海油田项目创新实现了"岸电入海"，推动了海上生产平台由"自发电"向"岸电"的转变，于 2022 年为渤海油田引入 1.86 亿 kW·h 陆上绿色电力，实现了我国海上油气田使用绿色电力"零的突破"。

在推动产业升级化方面，企业 A 退出部分高碳产业，严控"两高"项目投资，积极推动数字化技术与生产经营深度融合，在优化现有产业的同时将产业链向低碳高价值方向延伸，实施"减油增化"，稳妥推进产业转型升级。2021年 10 月，我国首个海上智能油田建设项目——秦皇岛 32－6 智能油田（一期）项目全面建成投用，该项目应用云计算、大数据、物联网、人工智能、5G、北斗等信息技术为传统油田赋能，促进生产效率提升约 30%，显著降低了现场作业能耗，被评为"2021 年中央企业数字化转型十大成果"。

3. 减少末端碳压力

企业 A 发挥科技创新引领作用，从治理末端减排、发展负碳产业等方面推动二氧化碳末端治理利用，践行低碳战略，促进减少末端碳压力。

在治理末端减排方面，企业 A 统筹分析各气田产出天然气的特点，综合考量化工原料用气和终端外输气的气质需求，优化调整终端接收气处理工艺，降低脱碳装置负荷，减少直接碳排放。

在发展负碳产业方面，企业 A 积极利用天然气终端生产过程排放的高浓度二氧化碳资源，充分挖掘二氧化碳产品市场潜力，推进碳封存、利用与储存（Carbon Capture, Utilization and Storage，CCUS）等负碳产业发展。企业 A 正在实施我国海上首个百万吨级碳封存示范项目——恩平 15-1 油气田伴生二氧化碳封存项目，预计每年可封存二氧化碳约 30 万 t，累计封存二氧化碳 146 万 t 以上。

【案例 2】典型行业代表性企业 B 减碳降压实践

企业 B 是一家以钢铁生产为主业，涉及国际贸易、园林绿化、矿业投拓、煤化工、综合利用等多领域的民营企业。面对当前存在的智能化数字化建设偏弱、低碳发展水平不高、能源结构亟待改变等诸多问题，作为天津市"双碳实践先行者"荣誉称号的获得者，企业 B 以"绿色低碳"为统领，全面推进钢铁行业转型升级。2023 年 6 月 5 日，企业 B 被授予天津市 2022 年度绿色发展"领跑者"企业荣誉称号。总体而言，企业 B 主要从推进先进高端化转型建设、推进智能数字化转型建设、推进低碳绿色化转型建设三大方面展开，全面推进减碳降压工作进程。

1. 推进先进高端化转型建设

企业 B 以"创新驱动、提升能效、优化生产"为核心，深化推进技术研发创新、优化生产流程、推动生产设备改造进程，向低碳高效型企业不断挺进。

在深化推进技术研发创新方面，企业 B 加大科研投入、发挥人才优势，加快科研成果产业化转化。截至 2023 年 6 月，企业 B 已累计获得授权专利 73 项，牵头或参与制定国家、行业或团体标准 35 项，其中自主研发的预应力钢丝及钢绞线用热轧盘条更是获评工信部"绿色设计产品"。

在优化生产流程方面，企业 B 加快推进长流程工序（矿石—烧结—高炉炼铁—转炉炼钢）改造为短流程工序（废钢—电炉冶炼进程），促进企业生产节能减排。经初步测算，短流程与原长流程相比，吨钢综合能耗可降低 50%，水耗可降低 40%，二氧化碳减排可达 48%，颗粒物、二氧化硫、氮氧化物等主要污染物排放量也可减少约 70%。

在推动生产设备改造进程方面，企业 B 推进布局长改短智慧电炉，通过采用世界先进的电炉工艺技术和装备，综合利用废钢资源，持续推进低碳冶炼技术应用。在炼钢总产能不变的前提下，将一座炼钢转炉置换成两座现代化节能智慧型电炉的同时还可淘汰两座 588m³ 高炉和一台 200m² 烧结机，进一步促进减碳降压。按照电炉钢年产量 130 万 t 计算，该改造每年可促进二氧化碳排放

量减少 106 万 t，各类污染物排放量减少 112.32t。此外，企业 B 还积极推进智能装备技术革新，已改造电机、风机、水泵等设备共 1350 台，年节电量达 6121 万 kW·h，折合降碳 5.4 万 t。

2. 推进智能数字化转型建设

企业 B 积极响应"万物智联、数据智汇、低碳智造"的数智化发展战略，从推动智能制造和推动智慧物流两方面，将数字化和智能化贯穿企业生产运营的全流程、全场景和全业务，持续探索深化企业智能化数字化转型进程，助力企业减压降碳。

在推动智能制造方面，企业 B 积极加快步伐，全力推进"5G+"数字化工厂建设，以全过程数字化管控实现智慧减污降碳。通过强化数字化、智能化技术应用不断提高能源管控效率，建立完善数字化、智能化评估体系，科学有序推进智能化体系建设，推动实现钢铁工业的数智化降碳。企业 B 通过"智慧大脑"一期工程、低碳发展评价体系、数字化"碳"管控平台等手段，有力推进了精准降碳工作。据测算，通过加强智能化管理，数字化集成效益显著，每年可减少碳排放约 13.2 万 t。此外，这一过程也积累了大量碳排放数据，为减碳降压提供了数字化管理基础。

在推动智慧物流方面，企业 B 成为天津市首批获得"网络货运"运营牌照的企业之一，其智慧物流项目入选国家智能制造优秀场景，在构建便捷高效、技术先进、绿色环保的智能化平台上为其他制造行业企业提供了宝贵经验，推动生产组织与生产效率不断优化，促进企业减碳降压。

3. 推进低碳绿色化转型建设

企业 B 顺应低碳发展转型趋势，通过促进能源脱碳化、构建氢能绿色运输体系等方式提升企业绿色低碳高质量发展水平，努力构建结构转型合理、低碳发展先进、平台协同创效的新局面。

在促进能源脱碳化方面，企业 B 积极开发光伏等清洁能源资源，通过技术改造等手段提高自发电率，建设外送余热供暖工程，在减碳降压的同时促进有利于绿色低碳发展的差别化电价政策进一步完善。如企业 B 利用厂房屋顶、水处理 600 亩水面建设了 9.5MW·h 屋顶分布式光伏发电、全国冶金企业首家水面渔光互补式 40MW·h 光伏发电，预计每年发电量可达 4600 万 kW·h，每年减排二氧化碳可达 4.1 万 t；同时，企业 B 建设的 55MW 富余煤气综合利用发电项目已并网发电，预计可每年发电 2 亿 kW·h，自发电比例（余热、余压、余气、光伏新能源）可达 60%；此外，企业 B 还建设了生产余热城市供暖工程，现已具备对外 300 万 m² 以上城市居民供暖能力。总体而言，企业 B 年预计减排二氧化碳量可达 27 万 t 以上。

在构建氢能绿色运输体系方面，企业 B 加快构建氢能绿色运输体系，大力发展"车＋"经济、"氢＋"经济，用零碳绿色运输串起产业链条的上下游，促进产业链节能降碳，助力区域打造绿色集约、智能先进的综合货运枢纽模式。2021 年 8 月，企业 B 打造的天津市首个氢能运输示范应用场景启动，截至 2023 年 7 月该项目已促进二氧化碳减排 5832t。

【案例 3】典型城市减碳降压实践（一）

C 市作为我国首批低碳试点城市、"无废城市"试点、碳排放权交易试点城市、可持续发展议程创新示范区，积极践行绿色低碳发展战略，目前已经达到了低碳建设国际先进水平，成为国内低碳城市的领跑者与排头兵。C 市的减碳降压体系主要从构建绿色能源体系、促进产业转型进程、增强碳汇服务能力、推进社会支撑建设等四方面展开，全面推进 C 市减碳降压工作进程。

1. 构建绿色能源体系

在构建绿色能源体系方面，C 市主要从控制高碳能源消费、加强非化石能源发展、推进节能增效三个方面推进。在控制高碳能源消费方面，C 市加大煤炭消费控制力度的同时逐步向天然气消费扩展，推进天然气电厂建设工作，并不断加大天然气掺氢比例，同步推进储能项目建设工程。在加强非化石能源发展方面，主要为提高太阳能、风能、核能、地热能及生物质能等清洁能源和可再生能源所占的比重，促进能源结构绿色清洁建设。其主要措施有强化分布式能源布局，扩大分布式光伏利用范围，加大海上风能开发力度，推动浅层地热能、海洋能等可再生能源发电项目试点及粤东至 C 市输电通道工程建设。在推进节能增效方面，强化落实能源消费强度与总量"双控"制度，重点建立并强化相关项目节能审查、管理、监督机制，以自上而下的形式倒逼企业等推进节能建设。

2. 促进产业转型进程

在促进产业转型进程方面，C 市主要从推动绿色低碳产业培育发展、推进重点行业绿色化改造、构建完善绿色制造体系三个方面推进。在推动绿色低碳产业培育发展方面，C 市主要对清洁能源、节能环保、新能源汽车、生态环境、基础设施绿色化升级、绿色低碳服务六大产业领域进行重点扶持，鼓励绿色低碳产业以创新为驱动力提高发展速度与质量，加快绿色低碳新技术新产品投入实际应用与成果推广的速度，从而推动绿色低碳产业市场竞争力不断提升。在推进重点行业绿色化改造方面，C市加强产业节能管理相关建设，关注能源转换效率及高耗能行业能耗等改造重点，针对工业、建筑业和交通运输业进行改造升级的同时辅助实施能效监督管理审核机制，持续推动具有高能耗水平、高污染排放、高环境风险的工艺设备的淘汰与升级改造进程，全面提升行业发展质量和环境治理水平。在构建完善绿色制造体系方面，C市将绿色低碳循环理念融入产品设计、生产、回收、再利用的全过程，通过结合物联网、大数据和云计算等科学技术的实践应用来组织创建绿色产品、绿色工厂、绿色园区、绿色供应链等一系列绿色制造体系组成部分，扩大绿色品牌效应，促进经济绿色发展。

3. 增强碳汇服务能力

在增强碳汇服务能力方面，C市主要从加强生态环境治理修复及强化生态保护机制两方面推进。在加强生态环境治理修复方面，C市遵循系统修复、分类施策、因地制宜等原则针对大气环境、水环境、土壤环境等开展重要生态系统保护和修复重大工程，促进生态系统质量和服务功能提升。在强化生态保护机制方面，C市建立健全生态保护红线协调机制，开展"绿盾"自然保护地强化监督专项行动，构建生态系统定期调查评价、动态评估、修复成效跟踪监测评估体系，推进城市生态保护的常态化监管落实。总体而言，C市深入强化生态环境治理全过程管控，构建并完善了以分区管控、源头预防、风险管控、安全利用、治理修复、成效评估、监管强化等为主要内容的综合防治模式。

4. 推进社会支撑建设

在推进社会支撑建设方面，C市主要从推动绿色技术创新应用、增强环境监管体系建设、推进生态环境共保共治、倡导绿色低碳生活方式等方面推进。在推动绿色技术创新应用方面，C市推动构建以市场为导向的绿色技术创新体系，向超低能耗建筑、智能交通、氢能、储能、碳捕集利用与封存等关键技术与瓶颈攻坚克难，并制定了绿色低碳技术推广目录，从技术研究、产品研发、应用推广等方面全方位深化绿色技术创新环境建设。在增强环境监管体系建设方面，C市健全以"双随机、一公开"为手段、以信用监管为基础、以重点监管为补充的监管机制，构建了覆盖环境质量、生态状况和污染源的监测网络，同时应用人工智能、大数据等先进信息化技术加快构建生态环境治理"一网统管"体系，为绿色发展筑牢屏障。在推进生态环境共保共治方面，C市以建设美丽湾区为引领，加入并推动"一核一带一区"建设，建立健全区域生态环境保护合作机制，同时推动绿色"一带一路"建设，积极参加生态环境保护国际合作，推进生态环境共保共治水平提升。在倡导绿色低碳生活方式方面，C 市加强低碳建设宣传，促进绿色生活设施建设，并深化碳交易市场建设，探索并建立了联通碳排放权交易市场和具有商业激励的碳普惠机制，引导小微企业和居民个人积极践行绿色低碳有关行为。

【案例 4】典型城市减碳降压实践（二）

D 市地处我国西南部，是我国首批低碳试点城市、"无废城市"试点、碳排放权交易试点城市。D 市通过产能转型、环境治理、绿色生活等源头减压措施与政策引导、制度管理、基础建设等社会保障措施，逐步实现减碳降压，向绿色低碳高质量的发展愿景不断迈进。D 市的减碳降压体系主要从推进源头防控体系建设、深化社会绿色保障能力两大方面展开，全面推进 D 市减碳降压工作进程。

1. 推进源头防控体系建设

在推进源头防控体系建设方面，D 市从生产端、消费端和消纳端出发，通过促进产能转型、提倡绿色生活方式、深化环境治理等措施推进源头防控体系建设。在促进产能转型方面，D 市构建低碳发展产业布局，坚决遏制高耗能高排放低水平项目盲目发展，同时针对智能网联新能源汽车、新型电子产品、先进材料、专业软件开发、节能环保装备、清洁能源及储能等绿色新兴产业不断引优培强，致力于培育具有较强竞争力的大型绿色低碳企业。在提倡绿色生活方式方面，D 市加大交通工具低碳化、电气化升级力度，在公务出行、交通执法、市政环卫等众多领域逐步推广新能源汽车，同时发布并上线了全国首个"碳惠通"生态产品价值实现平台，激发企业及个人的减碳热情，截至 2022 年 6 月，已登记注册企业 50 余家，登记备案"碳惠通"项目 8 个，减排量约 155 万 t。在深化环境治理方面，D 市坚定不移走生态优先、绿色发展之路，坚持共抓大保护、不搞大开发，统筹"建、治、管、改"，推进"治水、育林、禁渔、防灾、护文"，着力推进大巴山生物多样性保护和生态修复、三峡库区综合生态治理等重点工程，采取生态系统生产总值核算（GEP 核算）的同时全面推行生态环境导向的开发模式（EOD 管理模式），生态环境质量稳步提升，生态修复工程成效显著，促进长江上游重要生态屏障不断筑牢，为长江流域经济带绿色发展提供了可借鉴的经验。

2. 深化社会绿色保障能力

在深化社会绿色保障能力方面，D 市通过加强政策引导、推动制度建设、完善基础设施建设等措施强化社会绿色保障本领，统筹社会减碳降压进程，优化碳压力调节机制。在加强政策引导方面，D 市从绿色规划、绿色设计、绿色投资、绿色建设、绿色生产、绿色流通、绿色生活、绿色消费等全方位全过程统筹推进高质量发展和高水平保护，推动构建市场导向的绿色技术创新体系，加快建立健全绿色低碳循环发展经济体系，增强绿色发展内生动力，为减压降碳提供顶层指引。在推动制度建设方面，D 市加强统筹协调能力培育，强化区域联动协同制度建设，与周边地区签署能源绿色低碳高质量发展协同行动方案，推动形成"协同共进、安全共保、绿色共建、创新共赢、民生共享"的能源绿色低碳高质量发展格局。在完善基础设施建设方面，D 市以能源电网、废物处理、城乡交通、绿色建筑为核心，以绿色化、数字化为转型方向，加快基础设施绿色升级。如 D 市利用物联网、大数据等先进技术手段建立了基础平台系统"固废云"，成功形成全过程链条式闭合管理体系，实现了涉废低碳业务的精细化管理，提高了城市环境治理保障水平。

第二节　高耗能行业碳压力调节优化路径与建议

根据前述研究，行业碳压力历史演进特征表现为"单峰型"的行业 2 和行业 3 达峰时间处于第一梯度，其碳压力在基准情景模式下已实现碳压力达峰，其对于全国实现"双碳"目标的压力影响很小；行业碳压力历史演进特征表现为"增长趋稳型"的行业 5（有色金属冶炼及压延加工业）达峰时间处于第二梯度，其碳压力在基准情景模式下基本可以实现达峰目标，在低碳情景及低碳强化情景下可以提前达峰；行业碳压力历史演进特征表现为"两阶段增长型"的行业 1、行业 4 与行业 6 达峰时间处于第三梯度，其碳压力在基准情景模式下基本可以实现达峰目标，在低碳情景及低碳强化情景下可以提前达峰。为进一步减小对全国碳压力达峰的影响，本节考虑"减源"思路，为各高耗能行业提供相应的碳压力调节与控制发展建议。

一、"单峰型"行业碳压力调节优化路径与建议

对于化学原料及化学制品制造业而言，其碳压力主要来源于化学原料以及化工产品制造过程中产生的碳排放等。为实现 "减源"，首先要从源头出发，控制含碳能源的消耗量，它们既提供动力，也为化学制品提供原料，加强应用低碳和无碳能源，减少碳排放，缓解碳压力；其次，要加强技术研发，提高产

品利用率，延长产品使用寿命，开发产品回收利用体系，控制过剩和低端产能（如烧碱、化肥、电石、塑料等）；最后，要从尾端控制碳排放，加快建设生态工业园，建立完整产业链，加强企业绿色合作，为重复循环利用原料和废弃物提供便利，促进我国化工行业的低碳绿色发展。

对于非金属矿物制品业而言，其碳压力主要来源于非金属矿物制品，如玻璃、水泥、陶瓷等制造产生的碳排放。为实现"减源"，首先，要加强新一代二氧化碳循环利用等先进技术的研发及推广应用，提高行业生产的能源效率；其次，在当前国际贸易"绿色壁垒"的背景下，通过限制水泥、玻璃等物料的出口量，降低非金属矿物制品业的产量，降低行业碳排放；最后，要加快建设碳排放权交易市场，尽快将非金属行业纳入全国碳排放权交易市场计划，将短期发展过程中的技术优势转化为产业优势，极大发挥市场的作用，从而降低此行业碳排放对于"双碳"目标实现的压力。

二、"增长趋稳型"行业碳压力调节优化路径与建议

对于有色金属冶炼及压延加工业而言，其品种众多，但其碳压力的集中度较高，主要来源于电解铝产生的碳排放，占有色金属行业碳排放总量的 64%，且自备电在电解铝能源消费中占比明显高于电网用电比重。为实现 "减源"，首先，有色金属冶炼及压延加工业降碳要转换能源结构，采用绿色能源生产，减少自备电厂电量消费。其次，要加快科技创新进程，加快开展低碳新材料、新技术、新装备的推广，提高能源利用效率。最后，要优化品种结构，科学评估发展规模，统筹有色金属各品种的关系，提升有色金属行业整体效益，从而降低行业碳压力。

三、"两阶段增长型"行业碳压力调节优化路径与建议

对于石油加工炼焦及核燃料加工业而言，其碳压力主要来源于炼厂燃料燃烧、氢装置排放、催化剂烧焦等产生的碳排放等。为实现"减源"，首先，要调整原料结构，推动石化原料轻质化，以油气田轻烃、凝析油，以及生物质油脂和绿氢等代替劣质重油及稠油，实现降碳减排；其次，要采用先进的工艺技术，提高从原料到产品的碳、氢转化效率，减少加工过程中的损耗，改造工艺，提升能效；最后，要利用好废气中高 CO_2 浓度特点，大力发展 CCUS，减少碳排放，从而降低行业碳压力，提前实现达峰。

对于黑色金属冶炼及压延加工业而言，其碳压力主要来源于钢、铁、铁合

金等冶炼过程中化石燃料燃烧、生产工序过程中含碳原料和熔剂产生的碳排放等。为了实现"减源",首先,要置换钢铁业能源,加强对清洁能源的利用;其次,引进先进技术,提高转炉废钢比以及提升电炉短流程结构占比,进而优化钢铁生产工艺流程;最后,要推进钢铁企业兼并重组,逐步淘汰高耗能低效益的中小钢铁企业,进而实现能源、生产工艺和产品结构高效降碳,尽可能减小本行业碳排放对于全国实现"双碳"目标的压力。

对于电力、热力的生产和供应业而言,其碳压力主要来源于发电过程中化石燃料燃烧产生的大量二氧化碳排放,为了实现"减源",首先,需要注重提高风能、太阳能等可再生能源的装机规模,同时注重水电开发、储能调峰,尽力实现"风光水火储一体化"发展;其次,应加快新型电力系统相关技术研发,提升火电机组运行的灵活性,加快风电、光伏等可再生能源并网,支撑新型电力系统建设;最后,要加强电力市场建设,完善可再生能源发电的保障性收购制度,引导可再生能源开发利用,形成全社会优先使用可再生能源的绿色消费方式。

第三节　区域碳压力调节优化路径与建议

根据前述对我国碳压力的空间集聚特性及差异贡献的分析,发现各区域碳压力的空间效应呈现动态变化趋势。为了更加精准地把握碳压力演变规律,实现区域差异化节能减排从而达到经济与环境可持续发展,本节将碳压力在各区域下的空间集聚效应与差异性的变化程度进行叠加,将我国典型省域单位重构为高集聚—高稳定区、低集聚—高稳定区、低集聚—低稳定区、高集聚—低稳定区,并在此基础上针对各地区发展提出相应的碳减排策略。

一、高集聚—高稳定区碳压力调节优化路径与建议

高集聚—高稳定区具体表现为碳压力空间集聚特性较为显著,且区域内各省碳压力差异贡献水平逐渐收敛或平稳变动。符合这一变化趋势的地区包括东北、华东和西南地区。虽然各地区碳压力的空间异质性逐渐降低,但与拥有高森林覆盖率或"蓝碳"经济、呈现碳压力低集聚值的东北和西南地区相比,华东地区形成了高强度的碳压力"空间集聚圈"。因此,华东地区未来的发展需要解决工业化快速发展带来的"高能耗、高排放"的问题,应注重促进科技创新,加快产业结构转型。

二、低集聚—高稳定区碳压力调节优化路径与建议

低集聚—高稳定区具体表现为碳压力保持低空间相关性但区域内各省碳压力水平变化较为平稳。符合这一变化趋势的地区主要为华北地区，其空间分异程度始终保持七大区域的第二名，具有较高的稳定性。同时当前京津冀地区正处于协同发展阶段，使得华北地区碳压力集聚性较低，加剧了区域的分异态势。近年来，城市群、经济圈联合互动、区域合作在空气污染协同控制中发挥着越来越重要的作用。因此，京津冀地区应该考虑与能源相对丰富的内蒙古自治区、山西省建立一个长期、稳定的区域合作减排机制，通过协调减排资源，缩小与邻近地区的差距。

三、低集聚—低稳定区碳压力调节优化路径与建议

低集聚—低稳定区具体表现为碳压力空间集聚性程度较弱且区域内各省碳压力变化幅度较大。符合这一变化趋势的地区主要为华中地区。在空间集聚性方面，华中地区内各省均有不同程度的降低，特别是河南省从 2000 年、2010 年稳定位于 L—L 集聚区跃迁至 2021 年的 L—H 分异区。在差异性方面，华中地区的差异贡献排序由 2000 年的第 5 上升至 2010 年的第 3、2021 年又下降至第 4，表明典型省域碳压力发展各异且差距在不断波动中呈上升态势，故而华中地区在保持较低碳压力水平的同时应注重区域内各省的协同减排。同时，区域碳减排和低碳经济发展政策应因地制宜，逐步改变发展模式，大力支持低耗能、高产出行业；重视提高能源效率，优化能源结构。

四、高集聚—低稳定区碳压力调节优化路径与建议

高集聚—低稳定区具体表现为碳压力空间相关性较高而稳定性较低。符合这一变化趋势的地区主要为华南和西北地区。二者都与邻近地区形成高水平的联动集聚区，但随着广东地区产业的脱碳化发展和国家对产业结构的整体调整，一些污染产业及劳动密集型产业逐渐向广西地区转移，致使华南地区内空间分异状态有所反弹。而对于高度依赖丰富能源储量的西北地区则由于能源在区域内分布不均而限制了整体趋向均衡发展。未来在节能减排方面应继续发挥良好的跨区域联动能力，政府应加大低碳技术研发力度，加快技术应用步伐。同时需要加强防污减碳工作，在加快城镇化进程中，要重点加强污染防治和减碳排放，促进生态环境保护，集约利用自然资源。

第十章
总结与展望

第一节　总　　结

一、高耗能行业碳压力分析研究总结

高耗能行业作为我国能源消耗和碳排放的主要部门，减排压力仍然较大，其减排成果对实现"2030 达峰"以及"2060 碳中和"目标影响较大。本书聚焦"双碳"目标的发展，首先，在研究高耗能行业碳排放的基础上，借鉴区域碳压力的概念，通过定义并计算高耗能行业碳压力，分析其发展演进特征、集聚性及异质性。其次，进一步探究其影响因素，并在此基础上构建模型研究分析碳压力影响因素解耦情况。最后，基于以上研究结果，对六大高耗能行业碳压力进行预测分析，并为高耗能行业碳压力调节优化提出相关建议。本书针对高耗能行业碳压力的主要研究成果和结论如下。

1. 碳压力总体基本呈现逐年攀升趋势

基于 2000—2021 年高耗能行业的碳排放量等相关数据，计算六大高耗能行业碳压力，刻画了 2000—2021 年六大高耗能行业碳压力的演进特征。自 2002年开始，我国高耗能行业碳压力的增长速率显著提高，到 2013 年，碳压力达到一个阶段性的顶峰。2013—2020 年，我国高耗能行业碳压力进入"平稳发展"阶段。2021 年再次上升。六大高耗能行业演进特征可以分为三种类型："两阶段增长型""增长趋稳型""单峰型"。其中，"两阶段增长型"为石油加工炼焦及核燃料加工业、黑色金属冶炼及压延加工业、电力、热力的生产和供应业；"增长趋稳型"为有色金属冶炼及压延加工业；"单峰型"为化学原料及化学制品制造业、非金属矿物制品业。

2. 碳压力呈现较强集聚性及一定异质性

研究分析高耗能行业集聚性及异质性，结果表明高耗能行业碳压力相对于其他非高耗能行业呈现出较强的集聚特性，对于全行业整体碳压力具有较强的影响力。高耗能行业内部，六大高耗能行业在碳压力方面呈现出了一定的异质性。根据聚类结果，可将六大高耗能行业分为四类，对全行业碳压力影响力从高到低分别为"相对低排型""相对中排型""相对高排型"和"重点排放型"，其中"相对低排型"为有色金属冶炼及压延加工业；"相对中排型"为石油加工炼焦及核燃料加工业、化学原料及化学制品制造业；"相对高排型"为非金属矿物制品业、黑色金属冶炼及压延加工业；"重点排放型"电力、热力的生产

和供应业。

3. 碳压力各影响因素驱动效应存在差异性

本书将高耗能行业碳压力影响因素的最终作用效应分为长期驱动性效应和短期波动性效应。进一步对比短期波动性与长期驱动性两种特征作用效应对六个高耗能行业碳压力的影响特征，发现长期驱动性效应始终为正值，而短期波动性效应有时为正有时为负。碳压力对两类不同特征作用的灵敏程度不同，高耗能行业碳压力对短期波动性特征效应的反应比长期驱动性的更加剧烈。本书将我国高耗能行业碳压力的影响因素分解为排放强度、能耗强度、产业结构、经济规模和固碳规模 5 个因素。研究发现，经济规模因素相较于其他因素而言，对六大高耗能行业的影响最为突出，基本都表现为正向驱动；能耗强度对行业碳压力变化多表现为负向驱动效应；排放强度对六大高耗能行业碳压力的驱动效应显著地异化为两类；产业结构各行业的驱动方向不一致，且不同阶段表现出不一致的影响；固碳规模对六大高耗能行业碳压力的驱动效应基本趋同，差异性较小，主要发挥负向驱动效应，促进六大高耗能行业碳压力减弱。

4. 碳压力各影响因素解耦状态存在差异性

本书分析研究六大高耗能行业的碳压力与核心影响因素经济发展之间的解耦关系，并进一步研究排放强度、能耗强度、固碳规模、产业结构 4 个次要影响因素的解耦状态。研究表明，我国六大高耗能行业在不同年份经济发展与碳压力呈现出不同的解耦状态，大致可以分为两个阶段，第一阶段为 2001—2004 年，该阶段我国高耗能行业碳压力与经济增长解耦状态有扩张负解耦、扩张耦合、弱解耦、强解耦 4 种，扩张负解耦的存在体现出行业碳压力增速大于经济，不利于解耦。第二阶段为 2005—2021 年，该阶段解耦状态主要是弱解耦，这可能因为六大高耗能行业积极响应政策号召，有序关停一批高污染、高耗能生产企业。另外，排放强度、产业结构解耦驱动贡献作用因行业而异，能耗强度、固碳规模在"十一五"之后主要体现促进解耦作用。

5. 未来碳压力基本呈现下降趋势

本书对我国高耗能行业 2022—2030 年碳压力进行预测分析。基于高耗能行业碳压力历史演进趋势，结合影响因素对高耗能行业碳压力的影响效应以及"十四五"规划目标，多情景模拟，对六大高耗能行业碳压力进行预测。研究表明，在三种情景下，2022—2030 年，除非金属矿物制品业外，六大高耗能行业碳压力基本呈现持续下降趋势，非金属矿物制品业碳压力在低碳情景和低碳加强情景下呈现持续下降趋势。其中，石油加工、炼焦及核燃料加工业、行黑色金属冶炼及压延加工业、电力、热力的生产和供应业碳压力下降较快。

二、区域碳压力分析研究总结

本书对 2000—2021 年我国典型省域碳压力进行定义并测算，分析其历史演进特征、集聚性及异质性。其次，进一步探究其影响因素，并在此基础上构建模型研究分析碳压力影响因素解耦情况。最后，基于以上研究结果，对我国典型省域碳压力进行预测，并为区域碳压力调节优化提供建议。本书针对区域碳压力的主要研究成果和结论如下。

1. 我国生态碳循环系统在整体上处于"碳超载"状态

对 2000—2021 年典型省域碳压力进行测算，并分析其演进特征，结果表明，2000—2021 年，我国典型省域碳排放总量整体上呈现出上升趋势，但碳排放增长速度逐渐放缓，意味着我国碳减排工作取得了一定成效。由于全国森林、草原覆盖面积总体保持稳定，从而使得碳吸收总量维持在一定水平。全国碳压力在 22 年间上涨了 208.76%，特别是在 2014 年出现阶段性峰值后持续高位波动，表明目前我国生态碳循环系统在整体上处于"碳超载"状态。

2. 区域碳压力空间集聚性逐渐增强、空间差异性逐渐减弱

研究分析我国典型省域集聚性及异质性表明，在空间集聚性方面，我国典型省域碳压力在全局视角下存在显著的正向空间自相关性，且随着时间推移，碳压力的空间聚集程度逐渐增强，局部集聚性也相对显著，典型省域在 2000 年、2010 年和 2021 年内未发生明显集聚性变化。在空间差异性方面，整体来看，我国碳压力分布延展性在一定程度存在收缩趋势，意味着全国范围内碳压力的空间差距在逐步减小。分区域来看，华东、西南地区碳压力发展趋势向好，但除东北地区外，其他地区如华北、华东地区仍存在极化现象。对区域碳压力差异来源分解发现，造成我国碳压力水平区域差异的主要原因是七大区域的内部差异。

3. 能源强度、经济水平、人口集聚、研发投资强度和森林覆盖率是区域碳压力变化的显著影响因素

将区域碳压力的影响因素分解为能源强度、经济水平、人口集聚、研发投资强度和森林覆盖率 5 个因素。经过检验发现，其对我国各个地区碳压力的影

响都是显著的，它们都在 1% 的显著性水平下显著，且能源强度、经济水平和人口集聚对我国整体碳压力发展影响较大，这表明目前我国需要通过提升能源利用效率、降低能源强度、积极发展低碳经济、科学合理引导人口集聚等手段来驱动我国碳压力水平不断降低。

4. 大部分省域碳压力影响因素呈现解耦状态

分析研究对区域碳压力起促进作用的影响因素的解耦状态，研究表明，2000—2021 年，我国大部分省市能源强度都处于强负解耦状态，能源强度下降的同时碳压力不断上升。在典型省份中，仅有北京、上海呈现弱解耦状态，表明当前能源强度的下降仍是通过促进相关产业发展、能源需求增加的渠道进一步激发了区域碳排放，尚未对碳压力的增长起到有效的抑制效果；大部分省市经济水平都处于弱解耦状态，经济增速大于碳压力增速，绿色持续发展水平显著提升。而北京、上海更是达到了强解耦阶段；大部分省市人口集聚性都处于扩张负解耦状态，碳压力增速大于人口集聚速度，说明人口集聚带来的人才效应小于人口增长引起的资源需求，发展状况较不理想。但同时，北京、上海等部分省市已到达了解耦状态，重庆市也已实现了人口集聚速度与碳压力增速相当的扩张耦合状态，这些省市的经济相对而言更加发达、对高端人才的吸引力强，从而促进了低碳技术研发进程、降低了碳压力。与之相对的是处于强负解耦状态的吉林、黑龙江、甘肃，这些省市的经济较为落后、人才流失现象也较严重，故而在人口集聚水平下降的同时碳压力水平加强。

5. 未来碳压力发展趋向稳中向好形势

对我国典型省域 2022—2030 年碳压力进行预测分析，研究表明，从 2022 年开始，北京、山西、黑龙江、江苏、陕西地区开始呈现持续下降趋势，辽宁、安徽、江西、广东、贵州、新疆地区呈现持续上升趋势，其余地区呈现上下波动趋势。2022—2030 年，全国平均碳压力从 45.9109 下降至 43.2899，平均年降幅约 0.63%，选取的典型省份中，有 6 个地区的碳压力高于全国平均值，分别为天津、山西、上海、江苏、山东、宁夏地区。从七大地区来看，华东、华北地区因为区域经济发展较快，人口较多等因素，其整体碳压力水平较高，高于全国平均值的地区较多。华中、华南、西南、东北所有地区碳压力均低于全国平均值。直至 2030 年，选取的 30 个地区中，共有 23 个地区为低碳压力，山西、山东、江苏、宁夏四个地区为中碳压力区，但仍有天津、上海两个地区为高碳压力区。

第二节　展　望

近年来，相关部门、各级政府在"双碳"目标的发展指引下，结合高耗能行业"高耗能、高排放"、区域排放"不均衡、差异性大"等特点，相继发布相关政策和指导意见，推动社会经济绿色低碳可持续发展，助力"双碳"目标的实现。

高耗能行业相关政策方面。2022 年 2 月 15 日，国家发展和改革委员会发布了《关于发布〈高耗能行业重点领域节能降碳改造升级实施指南（2022 年版）〉的通知》（发改产业〔2022〕200 号），对炼油行业、焦化行业、有色金属冶炼行业等高耗能行业节能降碳改造升级提出了相应实施指南。2022 年 4 月 7 日，工业和信息化部、国家发展和改革委员会、科学技术部等六部门联合印发了《关于"十四五"推动石化化工行业高质量发展的指导意见》（工信部联原〔2022〕34 号），明确了到 2025 年，石化化工行业基本形成自主创新能力强、结构布局合理、绿色安全低碳的高质量发展格局，高端产品保障能力大幅提高，核心竞争能力明显增强，高水平自立自强迈出坚实步伐的目标。2022 年 11 月 10 日，工业和信息化部、国家发展和改革委员会、生态环境部发布了《关于印发有色金属行业碳达峰实施方案的通知》（工信部联原〔2022〕153 号），明确了有色金属行业要以碳达峰为总体目标，以深化供给侧结构性改革为主线，以优化冶炼产能规模、调整优化产业结构、强化技术节能降碳、推进清洁能源替代、建设绿色制造体系为着力点，提高全产业链减污降碳协同效能，加快构建绿色低碳发展格局，确保如期实现碳达峰目标。

碳达峰碳中和相关政策方面。2021 年 9 月 22 日，中共中央国务院发布《关于完整准确全面贯彻新发展理念做好碳达峰碳中和工作的意见》，表明实现碳达峰、碳中和是以习近平同志为核心的党中央统筹国内国际两个大局作出的重大战略决策，是着力解决资源环境约束突出问题、实现中华民族永续发展的必然选择，是构建人类命运共同体的庄严承诺。随着中央政策的出台，各省份也纷纷根据省内实际情况制定碳达峰相关政策方案。以北京市和上海市为例，北京市人民政府发布《关于印发〈北京市碳达峰实施方〉的通知》（京政发〔2022〕31 号），提出了提高非化石能源消费比重、提升能源利用效率、降低二氧化碳排放水平等方面主要目标。到 2025 年，可再生能源消费比重达到 14.4% 以上，单位地区生产总值能耗比 2020 年下降 14%，单位地区生产总值二氧化碳排放下降确保完成国家下达目标。到 2030 年，非化石能源消费比重提高到 25%左右，自治区单位地区生产总值能耗和单位地区生产总值二氧化碳排放下降率完成国家下达的任务，顺利实现 2030 年前碳达峰目标。2022 年 7 月 8 日，上海市人民政府公布《中共上海市委上海市人民政府关于完整准确全面贯彻新发展理念做好碳达峰碳中和工作的实施意见》和《上海市碳达峰实施方案》，明确了"十四五""十五五"碳达峰发展目标。到 2025 年，单位生产总值能源消耗比 2020 年下降 14%，非化石能源占能源消费总量比重力争达到 20%，单位生产总值二氧化碳排放确保完成国家下达指标。到 2030 年，非化石能源占能源消费总量比重力争达到 25%，单位生产总值二氧化碳排放比 2005 年下降 70%，确保 2030 年前实现碳达峰。

从相关研究视角来看，碳压力分析可以更加系统地评估人类"碳活动"与自然环境之间的平衡关系问题，目前，针对碳压力概念、碳压力演进特征、碳压力驱动因素等方面的研究不断深入。从相关政策视角来看，"双碳"目标仍是我国的重要发展战略，碳压力相关政策制定也不断受到重视，相关论证与研讨分析不断深化。我国碳减排工作科学有序推进，面向发展目标仍然存在一定发展挑战，深化开展碳压力分析为深度解析碳减排发展状态及驱动影响情况提供借鉴与参考。

持续深化研究范围与研究深度，进一步完善碳压力分析相关数据支撑。结合本书研究过程，由于数据受限，仅采用碳汇储量巨大的森林和草原代表生态碳汇，没有纳入碳汇量增长贡献者（农业系统）的影响。此外，由于碳排放数据统计制约，本书对碳压力的研究仅更新至 2021 年，且部分地区碳压力分析与研究未能全部覆盖。未来研究过程中，重点针对支撑性研究数据进行统计完善，持续深化研究范围与研究深度，为更大范围、更深层次的研究论证提供参考。

持续拓展研究体系与研究内容，进一步强化碳压力交叉综合研究。目前针对碳压力的相关研究范围内容不断拓展，面向未来发展与研究需求，将碳压力与其他环境、能源、经济等系统有关指标有机融合建立综合研究体系，以体系测度、特征分析、机理优化等方向为切入点，不断推进研究领域与研究内容交叉化、深入化、综合化，进一步丰富对生态环境发展的综合解析，为更宽领域、更广内容的研究论证提供指导。

持续创新研究理念与研究模式，进一步推动研究成果借鉴指导应用。碳压力分析研究是面向碳排放与碳汇固碳等方面的综合分析，可开展分区域、分行业等不同对象集合的测算与深层次解析，结合已有研究系统化总结碳压力分析体系架构，创新研究的关键模块与理论方法，形成一套具有顶层设计、模块清晰、方法创新、成果适用的研究架构仍需不断完善。持续创新碳压力分析理念，拓展研究视角，优化研究模式，推动研究成果的借鉴与指导应用仍然是未来要持续深化的重要方向。

附　表

附表 1　2000—2021 年高耗能行业碳排放量

单位：百万 t

行业	2000 年	2001 年	2002 年	2003 年	2004 年	2005 年	2006 年	2007 年	2008 年	2009 年	2010 年
石油加工、炼焦及核燃料加工业	54.0181	55.3872	55.0095	64.8723	79.6472	78.8092	97.9928	111.1981	111.9426	127.3488	127.4725
化学原料及化学制品制造业	83.4618	84.5845	99.1104	100.8513	147.8607	164.8232	189.0179	227.6851	221.5392	217.1717	226.2228
非金属矿物制品业	373.4294	418.6935	441.4073	538.0434	679.1199	754.3016	818.9563	903.4601	941.8325	1038.2305	1123.2838
黑色金属冶炼及压延加工业	390.5847	430.9076	454.7346	575.7062	656.6703	887.7905	996.1844	1138.0830	1198.0882	1385.8065	1461.8990
有色金属冶炼及压延加工业	25.9437	25.7351	29.1924	30.6926	39.3819	45.8024	57.3089	64.4475	68.2775	70.7355	66.6168
电力、热力的生产和供应业	1217.5336	1301.9166	1455.0889	1729.7614	1900.8456	2157.2632	2431.2574	2601.0028	2685.7485	2899.7324	3195.7995

续表

行业	2011年	2012年	2013年	2014年	2015年	2016年	2017年	2018年	2019年	2020年	2021年
石油加工、炼焦及核燃料加工工业	138.7305	140.7347	144.0162	138.0748	164.1938	132.6774	142.5452	142.3891	171.6055	175.3595	197.1604
化学原料及化学制品制造业	274.6138	261.8216	264.4985	254.8560	285.4173	244.1693	227.5438	192.5429	163.7458	122.4604	108.7472
非金属矿物制品业	1244.7176	1250.3760	1314.5399	1354.9548	1280.6556	1253.2356	1162.2530	1093.6531	1111.8430	1153.4939	1138.8385
黑色金属冶炼及压延加工工业	1598.5507	1671.5353	1761.6396	1802.8391	1697.9925	1697.2215	1693.6717	1769.5884	1853.1015	1916.3667	1850.8845
有色金属冶炼及压延加工工业	69.1729	65.1138	67.5297	67.6082	65.3261	60.5023	61.5194	64.1792	64.5094	62.2414	62.6855
电力、热力的生产和供应业	3632.1828	3854.7624	4061.8437	3982.7292	3841.9030	3960.3073	4211.1092	4509.9705	4641.9593	4749.1889	5253.1512

附表 2　2000—2021 年全国森林及草原面积

单位：万 hm²

年份	2000	2001	2002	2003	2004	2005	2006	2007	2008	2009	2010
森林面积	15894.00	15894.00	15894.00	15894.00	19545.22	19545.22	19545.22	19545.22	19545.22	20768.73	20768.73
草原面积	40000.00	40000.00	40000.00	40000.00	40000.00	40000.00	40000.00	40000.00	40000.00	40000.00	40000.00

年份	2011	2012	2013	2014	2015	2016	2017	2018	2019	2020	2021
森林面积	20768.73	20768.73	20768.73	22044.62	22044.62	22044.62	22044.62	22044.62	22044.62	22044.62	22044.62
草原面积	39283.00	39283.27	39283.27	39283.27	39283.27	39283.27	39283.27	39283.27	39283.27	39283.27	39283.27

附表3

2000—2021年各区域碳排放量

单位：百万t

区域	2000年	2001年	2002年	2003年	2004年	2005年	2006年	2007年	2008年	2009年	2010年
北京	63.47	61.76	64.27	69.37	77.47	95.37	81.28	80.41	92.26	95.58	96.84
天津	66.95	66.70	68.83	71.52	78.99	89.59	90.41	90.02	92.70	98.05	134.29
河北	257.93	266.52	289.99	320.69	365.68	408.93	409.11	453.98	481.98	511.06	569.37
山西	87.94	93.38	207.69	308.85	322.94	296.47	313.86	238.13	593.75	589.84	654.05
内蒙古	110.87	117.61	132.26	126.36	210.05	246.57	277.98	328.95	437.68	476.99	562.50
辽宁	290.37	272.46	294.11	319.54	355.88	397.89	417.34	410.63	436.45	456.76	494.59
吉林	95.97	102.51	105.21	116.48	123.66	146.85	164.07	161.91	190.52	201.98	225.77
黑龙江	172.12	163.02	164.13	172.02	193.17	228.04	231.44	222.50	239.37	274.61	351.54
上海	100.66	105.86	109.25	123.98	133.88	142.32	138.35	131.56	144.42	142.48	161.42
江苏	216.26	217.31	232.36	268.13	314.20	386.71	419.50	436.35	462.05	485.97	546.29
浙江	100.16	147.83	163.10	184.04	231.82	267.35	302.18	326.16	338.75	351.97	375.77
安徽	122.50	128.96	133.07	150.36	165.29	171.64	188.56	197.40	240.46	273.21	282.90
福建	54.00	53.65	61.89	75.00	86.71	99.37	112.57	128.67	137.02	161.89	179.64
江西	51.51	52.70	56.28	67.83	83.36	90.32	101.18	107.22	115.47	117.13	134.19
山东	261.42	303.35	345.88	424.16	518.28	661.84	745.57	765.64	831.50	879.82	929.12
河南	140.53	156.32	162.70	231.76	239.26	343.33	352.47	394.89	330.97	471.89	573.13
湖北	127.86	126.84	135.13	150.52	169.11	167.84	199.68	210.59	212.06	232.69	279.61
湖南	75.79	82.08	94.55	104.21	114.21	167.21	184.85	202.43	198.20	212.12	231.70
广东	182.14	185.46	198.49	225.58	251.32	272.17	310.28	327.45	356.94	394.88	445.06
广西	47.48	44.95	41.82	49.71	67.23	70.55	80.97	89.63	95.73	109.70	134.28

续表

区域	2000年	2001年	2002年	2003年	2004年	2005年	2006年	2007年	2008年	2009年	2010年
海南	4.79	4.93	1.01	8.30	8.77	7.55	14.61	34.21	35.58	37.79	44.91
重庆	60.60	56.45	57.91	54.54	64.42	73.28	83.98	91.48	119.80	136.37	138.38
四川	104.04	105.75	113.82	148.67	169.87	159.39	167.75	207.82	234.21	271.05	283.57
贵州	61.25	55.56	68.58	111.70	123.38	144.13	167.54	159.51	195.37	227.16	246.76
云南	53.53	58.59	63.21	81.86	59.66	124.56	140.61	137.41	150.49	165.45	176.26
陕西	68.54	70.41	84.73	93.61	116.46	217.33	187.38	234.28	274.76	262.34	308.25
甘肃	70.74	73.17	79.08	90.31	99.57	104.51	110.46	118.03	126.46	124.38	145.09
青海	12.55	15.41	16.38	18.24	19.62	21.12	24.32	24.98	32.12	35.46	37.14
宁夏	30.33	33.76	36.87	38.08	61.32	74.03	82.42	98.25	109.47	140.23	151.54
新疆	89.33	93.65	91.98	102.95	120.98	132.44	148.51	152.45	179.22	214.55	240.82

区域	2011年	2012年	2013年	2014年	2015年	2016年	2017年	2018年	2019年	2020年	2021年
北京	94.73	95.94	86.69	88.98	83.39	74.94	70.06	71.88	71.64	66.07	66.99
天津	149.14	143.14	151.03	143.93	135.11	130.35	132.15	138.36	137.72	128.49	141.01
河北	623.46	642.31	657.72	624.59	639.37	614.57	541.90	595.29	593.43	589.56	579.36
山西	766.12	854.67	1499.06	1552.01	1474.50	1433.11	1521.41	1650.13	1698.44	1924.95	2099.79
内蒙古	740.52	788.69	783.74	806.00	753.80	754.62	765.07	857.57	972.79	1046.66	1034.09
辽宁	524.47	543.27	529.86	520.81	502.37	508.94	515.65	560.66	628.03	646.13	649.71
吉林	264.67	265.30	237.29	234.97	218.85	214.18	214.52	193.87	197.77	184.39	190.88
黑龙江	381.24	393.33	363.48	350.35	347.80	365.37	355.33	338.79	341.14	336.89	358.51
上海	170.60	168.52	181.78	156.55	161.65	158.23	156.58	151.47	159.50	154.63	161.29

续表

区域	2011 年	2012 年	2013 年	2014 年	2015 年	2016 年	2017 年	2018 年	2019 年	2020 年	2021 年
江苏	613.11	619.99	638.44	621.07	634.16	653.12	645.05	644.97	636.58	628.06	669.22
浙江	398.62	383.59	387.56	380.79	381.50	379.18	401.44	401.66	419.15	454.55	526.01
安徽	315.39	355.91	387.18	401.80	392.85	380.18	397.02	392.43	398.96	397.17	415.06
福建	210.15	208.53	203.57	229.16	234.47	217.15	232.92	254.14	275.97	281.65	314.54
江西	144.75	146.46	162.19	165.47	170.41	176.67	179.01	183.40	186.18	183.17	189.24
山东	976.56	1007.56	944.49	997.83	1052.18	1096.72	1101.80	1220.03	1244.71	1273.77	1267.57
河南	654.10	545.87	594.42	557.53	537.07	536.84	557.62	498.13	464.00	464.56	474.74
湖北	321.88	311.39	252.92	251.82	252.88	253.98	266.93	258.02	282.36	242.45	286.95
湖南	269.56	275.30	266.33	255.97	250.52	265.51	275.97	243.25	242.06	227.63	218.03
广东	501.36	486.70	493.09	500.65	497.95	506.86	533.20	557.28	568.98	575.15	669.62
广西	173.34	192.85	189.77	183.50	173.23	182.48	193.85	209.37	226.59	222.24	239.25
海南	52.97	54.24	51.97	58.85	65.35	62.26	60.75	63.83	66.10	64.25	68.40
重庆	150.71	149.36	134.28	139.12	139.19	142.18	127.77	123.80	125.67	87.83	122.33
四川	280.38	289.71	277.51	298.40	253.58	250.14	229.76	255.30	276.56	266.68	268.88
贵州	268.69	287.21	314.25	319.61	327.57	348.36	340.34	291.45	289.24	277.82	295.44
云南	187.81	195.47	195.78	187.77	178.65	184.54	198.22	205.48	172.11	205.72	103.56
陕西	344.52	405.13	482.84	502.04	529.36	590.05	637.83	576.35	611.59	620.19	571.87
甘肃	169.69	173.75	181.47	180.47	176.58	169.72	173.99	182.50	185.44	195.99	211.52
青海	50.10	58.56	70.83	62.53	44.05	53.15	48.68	49.06	45.28	41.32	45.99
宁夏	190.95	188.57	187.76	195.22	193.38	189.72	226.24	235.93	251.90	259.51	283.52
新疆	286.31	333.44	336.34	366.26	379.09	410.85	452.26	480.95	519.31	555.47	632.03

附表 4

2000—2021 年各区域森林面积

单位：万 hm²

区域	2000 年	2001 年	2002 年	2003 年	2004 年	2005 年	2006 年	2007 年	2008 年	2009 年	2010 年
北京	33.74	33.74	33.74	33.74	37.88	37.88	37.88	37.88	37.88	52.05	52.05
天津	8.58	8.58	8.58	8.58	9.35	9.35	9.35	9.35	9.35	9.32	9.32
河北	336.13	336.13	336.13	336.13	328.83	328.83	328.83	328.83	328.83	418.33	418.33
山西	183.58	183.58	183.58	183.58	208.19	208.19	208.19	208.19	208.19	221.11	221.11
内蒙古	1474.85	1474.85	1474.85	1474.85	2050.67	2050.67	2050.67	2050.67	2050.67	2366.40	2366.40
辽宁	451.05	451.05	451.05	451.05	480.53	480.53	480.53	480.53	480.53	511.98	511.98
吉林	706.98	706.98	706.98	706.98	720.12	720.12	720.12	720.12	720.12	736.57	736.57
黑龙江	1760.31	1760.31	1760.31	1760.31	1797.50	1797.50	1797.50	1797.50	1797.50	1926.97	1926.97
上海	2.18	2.18	2.18	2.18	1.89	1.89	1.89	1.89	1.89	5.97	5.97
江苏	46.24	46.24	46.24	46.24	77.41	77.41	77.41	77.41	77.41	107.51	107.51
浙江	517.18	517.18	517.18	517.18	553.92	553.92	553.92	553.92	553.92	584.42	584.42
安徽	317.05	317.05	317.05	317.05	331.99	331.99	331.99	331.99	331.99	360.07	360.07
福建	735.37	735.37	735.37	735.37	764.94	764.94	764.94	764.94	764.94	766.65	766.65
江西	889.78	889.78	889.78	889.78	931.39	931.39	931.39	931.39	931.39	973.63	973.63
山东	191.52	191.52	191.52	191.52	204.64	204.64	204.64	204.64	204.64	254.46	254.46
河南	209.01	209.01	209.01	209.01	270.30	270.30	270.30	270.30	270.30	336.59	336.59
湖北	482.84	482.84	482.84	482.84	497.55	497.55	497.55	497.55	497.55	578.82	578.82
湖南	823.97	823.97	823.97	823.97	860.79	860.79	860.79	860.79	860.79	948.17	948.17
广东	815.02	815.02	815.02	815.02	827.00	827.00	827.00	827.00	827.00	873.98	873.98
广西	816.66	816.66	816.66	816.66	983.83	983.83	983.83	983.83	983.83	1252.50	1252.50

续表

区域	2000 年	2001 年	2002 年	2003 年	2004 年	2005 年	2006 年	2007 年	2008 年	2009 年	2010 年
海南	134.93	134.93	134.93	134.93	166.66	166.66	166.66	166.66	166.66	176.26	176.26
重庆	0.00	0.00	0.00	0.00	183.18	183.18	183.18	183.18	183.18	286.92	286.92
四川	1330.15	1330.15	1330.15	1330.15	1464.34	1464.34	1464.34	1464.34	1464.34	1659.52	1659.52
贵州	367.31	367.31	367.31	367.31	420.47	420.47	420.47	420.47	420.47	556.92	556.92
云南	1287.32	1287.32	1287.32	1287.32	1560.03	1560.03	1560.03	1560.03	1560.03	1817.73	1817.73
陕西	592.03	592.03	592.03	592.03	670.39	670.39	670.39	670.39	670.39	767.56	767.56
甘肃	217.41	217.41	217.41	217.41	299.63	299.63	299.63	299.63	299.63	468.78	468.78
青海	30.88	30.88	30.88	30.88	317.20	317.20	317.20	317.20	317.20	329.56	329.56
宁夏	14.64	14.64	14.64	14.64	40.36	40.36	40.36	40.36	40.36	51.10	51.10
新疆	178.37	178.37	178.37	178.37	484.07	484.07	484.07	484.07	484.07	661.65	661.65

区域	2011 年	2012 年	2013 年	2014 年	2015 年	2016 年	2017 年	2018 年	2019 年	2020 年	2021 年
北京	52.05	52.05	58.81	58.81	58.81	58.81	58.81	71.82	71.82	71.82	71.82
天津	9.32	9.32	11.16	11.16	11.16	11.16	11.16	13.64	13.64	13.64	13.64
河北	418.33	418.33	439.33	439.33	439.33	439.33	439.33	502.69	502.69	502.69	502.69
山西	221.11	221.11	282.41	282.41	282.41	282.41	282.41	321.09	321.09	321.09	321.09
内蒙古	2366.40	2366.40	2487.90	2487.90	2487.90	2487.90	2487.90	2614.85	2614.85	2614.85	2614.85
辽宁	511.98	511.98	557.31	557.31	557.31	557.31	557.31	571.83	571.83	571.83	571.83
吉林	736.57	736.57	763.87	763.87	763.87	763.87	763.87	784.87	784.87	784.87	784.87
黑龙江	1926.97	1926.97	1962.13	1962.13	1962.13	1962.13	1962.13	1990.46	1990.46	1990.46	1990.46
上海	5.97	5.97	6.81	6.81	6.81	6.81	6.81	8.90	8.90	8.90	8.90

区域	2011年	2012年	2013年	2014年	2015年	2016年	2017年	2018年	2019年	2020年	2021年
江苏	107.51	107.51	162.10	162.10	162.10	162.10	162.10	155.99	155.99	155.99	155.99
浙江	584.42	584.42	601.36	601.36	601.36	601.36	601.36	604.99	604.99	604.99	604.99
安徽	360.07	360.07	380.42	380.42	380.42	380.42	380.42	395.85	395.85	395.85	395.85
福建	766.65	766.65	801.27	801.27	801.27	801.27	801.27	811.58	811.58	811.58	811.58
江西	973.63	973.63	1001.81	1001.81	1001.81	1001.81	1001.81	1021.02	1021.02	1021.02	1021.02
山东	254.46	254.46	254.60	254.60	254.60	254.60	254.60	266.51	266.51	266.51	266.51
河南	336.59	336.59	359.07	359.07	359.07	359.07	359.07	403.18	403.18	403.18	403.18
湖北	578.82	578.82	713.86	713.86	713.86	713.86	713.86	736.27	736.27	736.27	736.27
湖南	948.17	948.17	1011.94	1011.94	1011.94	1011.94	1011.94	1052.58	1052.58	1052.58	1052.58
广东	873.98	873.98	906.13	906.13	906.13	906.13	906.13	945.98	945.98	945.98	945.98
广西	1252.50	1252.50	1342.70	1342.70	1342.70	1342.70	1342.70	1429.65	1429.65	1429.65	1429.65
海南	176.26	176.26	187.77	187.77	187.77	187.77	187.77	194.49	194.49	194.49	194.49
重庆	286.92	286.92	316.44	316.44	316.44	316.44	316.44	354.97	354.97	354.97	354.97
四川	1659.52	1659.52	1703.74	1703.74	1703.74	1703.74	1703.74	1839.77	1839.77	1839.77	1839.77
贵州	556.92	556.92	653.35	653.35	653.35	653.35	653.35	771.03	771.03	771.03	771.03
云南	1817.73	1817.73	1914.19	1914.19	1914.19	1914.19	1914.19	2106.16	2106.16	2106.16	2106.16
陕西	767.56	767.56	853.24	853.24	853.24	853.24	853.24	886.84	886.84	886.84	886.84
甘肃	468.78	468.78	507.45	507.45	507.45	507.45	507.45	509.73	509.73	509.73	509.73
青海	329.56	329.56	406.39	406.39	406.39	406.39	406.39	419.75	419.75	419.75	419.75
宁夏	51.10	51.10	61.80	61.80	61.80	61.80	61.80	65.60	65.60	65.60	65.60
新疆	661.65	661.65	698.25	698.25	698.25	698.25	698.25	802.23	802.23	802.23	802.23

附表 5　2000—2021 年各区域草原面积

单位：千 hm²

区域	2000 年	2001 年	2002 年	2003 年	2004 年	2005 年	2006 年	2007 年	2008 年	2009 年	2010 年
北京	394.80	394.80	394.80	394.80	394.80	394.80	394.80	394.80	394.80	394.80	394.80
天津	146.60	146.60	146.60	146.60	146.60	146.60	146.60	146.60	146.60	146.60	146.60
河北	4712.10	4712.10	4712.10	4712.10	4712.10	4712.10	4712.10	4712.10	4712.10	4712.10	4712.10
山西	4552.00	4552.00	4552.00	4552.00	4552.00	4552.00	4552.00	4552.00	4552.00	4552.00	4552.00
内蒙古	78804.50	78804.50	78804.50	78804.50	78804.50	78804.50	78804.50	78804.50	78804.50	78804.50	78804.50
辽宁	3388.80	3388.80	3388.80	3388.80	3388.80	3388.80	3388.80	3388.80	3388.80	3388.80	3388.80
吉林	5842.20	5842.20	5842.20	5842.20	5842.20	5842.20	5842.20	5842.20	5842.20	5842.20	5842.20
黑龙江	7531.80	7531.80	7531.80	7531.80	7531.80	7531.80	7531.80	7531.80	7531.80	7531.80	7531.80
上海	73.30	73.30	73.30	73.30	73.30	73.30	73.30	73.30	73.30	73.30	73.30
江苏	412.70	412.70	412.70	412.70	412.70	412.70	412.70	412.70	412.70	412.70	412.70
浙江	3169.90	3169.90	3169.90	3169.90	3169.90	3169.90	3169.90	3169.90	3169.90	3169.90	3169.90
安徽	1663.20	1663.20	1663.20	1663.20	1663.20	1663.20	1663.20	1663.20	1663.20	1663.20	1663.20
福建	2048.00	2048.00	2048.00	2048.00	2048.00	2048.00	2048.00	2048.00	2048.00	2048.00	2048.00
江西	4442.30	4442.30	4442.30	4442.30	4442.30	4442.30	4442.30	4442.30	4442.30	4442.30	4442.30
山东	1638.00	1638.00	1638.00	1638.00	1638.00	1638.00	1638.00	1638.00	1638.00	1638.00	1638.00
河南	4433.80	4433.80	4433.80	4433.80	4433.80	4433.80	4433.80	4433.80	4433.80	4433.80	4433.80
湖北	6352.20	6352.20	6352.20	6352.20	6352.20	6352.20	6352.20	6352.20	6352.20	6352.20	6352.20
湖南	6372.70	6372.70	6372.70	6372.70	6372.70	6372.70	6372.70	6372.70	6372.70	6372.70	6372.70
广东	3266.20	3266.20	3266.20	3266.20	3266.20	3266.20	3266.20	3266.20	3266.20	3266.20	3266.20
广西	8698.30	8698.30	8698.30	8698.30	8698.30	8698.30	8698.30	8698.30	8698.30	8698.30	8698.30

续表

区域	2000年	2001年	2002年	2003年	2004年	2005年	2006年	2007年	2008年	2009年	2010年
海南	949.80	949.80	949.80	949.80	949.80	949.80	949.80	949.80	949.80	949.80	949.80
重庆	2158.40	2158.40	2158.40	2158.40	2158.40	2158.40	2158.40	2158.40	2158.40	2158.40	2158.40
四川	20380.40	20380.40	20380.40	20380.40	20380.40	20380.40	20380.40	20380.40	20380.40	20380.40	20380.40
贵州	4287.30	4287.30	4287.30	4287.30	4287.30	4287.30	4287.30	4287.30	4287.30	4287.30	4287.30
云南	15308.40	15308.40	15308.40	15308.40	15308.40	15308.40	15308.40	15308.40	15308.40	15308.40	15308.40
陕西	5206.20	5206.20	5206.20	5206.20	5206.20	5206.20	5206.20	5206.20	5206.20	5206.20	5206.20
甘肃	17904.20	17904.20	17904.20	17904.20	17904.20	17904.20	17904.20	17904.20	17904.20	17904.20	17904.20
青海	36369.70	36369.70	36369.70	36369.70	36369.70	36369.70	36369.70	36369.70	36369.70	36369.70	36369.70
宁夏	3014.10	3014.10	3014.10	3014.10	3014.10	3014.10	3014.10	3014.10	3014.10	3014.10	3014.10
新疆	57258.80	57258.80	57258.80	57258.80	57258.80	57258.80	57258.80	57258.80	57258.80	57258.80	57258.80

区域	2011年	2012年	2013年	2014年	2015年	2016年	2017年	2018年	2019年	2020年	2021年
北京	394.80	394.80	394.80	394.80	394.70	394.70	394.80	394.80	394.80	394.80	394.80
天津	146.60	146.60	146.60	146.60	146.70	146.70	146.60	146.60	146.60	146.60	146.60
河北	4712.10	4712.10	4712.10	4712.00	4712.00	4712.00	4712.10	4712.10	4712.10	4712.10	4712.10
山西	4552.00	4552.00	4552.00	4552.00	4552.00	4552.00	4552.00	4552.00	4552.00	4552.00	4552.00
内蒙古	78804.50	78804.50	78804.50	78804.70	78804.70	78804.70	78804.50	78804.50	78804.50	78804.50	78804.50
辽宁	3388.80	3388.80	3388.80	3388.80	3388.70	3388.70	3388.80	3388.80	3388.80	3388.80	3388.80
吉林	5842.20	5842.20	5842.20	5842.20	5842.00	5842.00	5842.20	5842.20	5842.20	5842.20	5842.20
黑龙江	7531.80	7531.80	7531.80	7531.80	7532.00	7532.00	7531.80	7531.80	7531.80	7531.80	7531.80
上海	73.30	73.30	73.30	73.30	73.30	73.30	73.30	73.30	73.30	73.30	73.30

续表

区域	2011 年	2012 年	2013 年	2014 年	2015 年	2016 年	2017 年	2018 年	2019 年	2020 年	2021 年
江苏	412.70	412.70	412.70	412.70	412.70	412.70	412.70	412.70	412.70	412.70	412.70
浙江	3169.90	3169.90	3169.90	3169.90	3170.00	3170.00	3169.90	3169.90	3169.90	3169.90	3169.90
安徽	1663.20	1663.20	1663.20	1663.20	1663.30	1663.30	1663.20	1663.20	1663.20	1663.20	1663.20
福建	2048.00	2048.00	2048.00	2048.00	2048.00	2048.00	2048.00	2048.00	2048.00	2048.00	2048.00
江西	4442.30	4442.30	4442.30	4442.30	4442.70	4442.70	4442.30	4442.30	4442.30	4442.30	4442.30
山东	1638.00	1638.00	1638.00	1638.00	1638.00	1638.00	1638.00	1638.00	1638.00	1638.00	1638.00
河南	4433.80	4433.80	4433.80	4433.80	4434.00	4434.00	4433.80	4433.80	4433.80	4433.80	4433.80
湖北	6352.20	6352.20	6352.20	6352.20	6352.00	6352.00	6352.20	6352.20	6352.20	6352.20	6352.20
湖南	6372.70	6372.70	6372.70	6372.70	6372.70	6372.70	6372.70	6372.70	6372.70	6372.70	6372.70
广东	3266.20	3266.20	3266.20	3266.20	3266.00	3266.00	3266.20	3266.20	3266.20	3266.20	3266.20
广西	8698.30	8698.30	8698.30	8698.30	8698.70	8698.70	8698.30	8698.30	8698.30	8698.30	8698.30
海南	949.80	949.80	949.80	949.80	950.00	950.00	949.80	949.80	949.80	949.80	949.80
重庆	2158.40	2158.40	2158.40	2158.40	2158.70	2158.70	2158.40	2158.40	2158.40	2158.40	2158.40
四川	20380.40	20380.40	20380.40	20380.40	20380.70	20380.70	20380.40	20380.40	20380.40	20380.40	20380.40
贵州	4287.30	4287.30	4287.30	4287.30	4287.30	4287.30	4287.30	4287.30	4287.30	4287.30	4287.30
云南	15308.40	15308.40	15308.40	15308.40	15308.70	15308.70	15308.40	15308.40	15308.40	15308.40	15308.40
陕西	5206.20	5206.20	5206.20	5206.20	5206.00	5206.00	5206.20	5206.20	5206.20	5206.20	5206.20
甘肃	17904.20	17904.20	17904.20	17904.20	17904.00	17904.00	17904.20	17904.20	17904.20	17904.20	17904.20
青海	36369.70	36369.70	36369.70	36369.70	36370.00	36370.00	36369.70	36369.70	36369.70	36369.70	36369.70
宁夏	3014.10	3014.10	3014.10	3014.10	3014.00	3014.00	3014.10	3014.10	3014.10	3014.10	3014.10
新疆	57258.80	57258.80	57258.80	57258.80	57258.70	57258.70	57258.80	57258.80	57258.80	57258.80	57258.80

附表 6　　2000—2021 年高耗能行业能源消耗量

单位：万 t 标准煤

行业	2000年	2001年	2002年	2003年	2004年	2005年	2006年	2007年	2008年	2009年	2010年
石油加工、炼焦及核燃料加工业	7956.00	7980.13	8340.76	10134.54	12600.99	12480.82	13767.75	15317.31	16465.16	17579.77	17873.62
化学原料及化学制品制造业	14070.47	14603.85	16848.00	19958.96	25251.98	28626.39	31158.26	33845.51	33302.74	33699.88	36741.17
非金属矿物制品业	11514.57	12728.23	13659.19	17502.78	23261.52	26215.49	27069.47	28994.16	30318.47	30460.33	32512.39
黑色金属冶炼及压延加工业	20562.84	22405.49	24007.15	29654.46	34728.51	44723.81	50343.42	57840.22	58276.97	65353.17	66873.32
有色金属冶炼及压延加工业	4128.52	4346.37	4958.66	6011.23	6984.34	7965.58	9752.79	11763.85	12243.09	12042.91	13628.28
电力、热力的生产和供应业	10584.28	11362.23	12771.70	14415.89	14432.00	15846.85	17037.21	17964.14	18516.59	18937.21	21486.67

行业	2011年	2012年	2013年	2014年	2015年	2016年	2017年	2018年	2019年	2020年	2021年
石油加工、炼焦及核燃料加工业	18182.51	18831.39	19255.13	20139.00	24184.00	24165.00	26458.00	28689.00	32572.00	35267.00	36720.00
化学原料及化学制品制造业	40742.71	42550.91	44081.46	47415.00	49533.00	49722.00	49356.00	51278.00	53272.00	56723.00	60405.00
非金属矿物制品业	38272.26	37799.04	36561.02	37197.00	35587.00	34772.00	33343.00	32798.00	33344.00	35387.00	36039.00
黑色金属冶炼及压延加工业	64725.61	67375.54	68838.89	69296.00	64404.00	62879.00	62843.00	62279.00	65387.00	66851.00	66263.00
有色金属冶炼及压延加工业	14831.42	15620.86	16617.34	21326.00	20773.00	21028.00	23316.00	24628.00	24436.00	25460.00	26413.00
电力、热力的生产和供应业	23861.34	23837.43	26294.82	26241.00	26191.00	28080.00	29258.00	30832.00	31759.00	32076.00	33487.00

附表 7　2000—2021 年高耗能行业产业增加值

单位：亿元

行业	2000 年	2001 年	2002 年	2003 年	2004 年	2005 年	2006 年	2007 年	2008 年	2009 年	2010 年
石油加工、炼焦及核燃料加工业	787.99	883.3	1003.92	1287.45	1333.76	1981.64	2314.23	3096.98	3004.94	3150.22	3766.85
化学原料及化学制品制造业	1415.81	1601.27	1862.64	2464.88	2760.75	4391.92	5398.79	7340.42	6219.92	6520.65	7797.01
非金属矿物制品业	1126.72	1211.88	1365.16	1749.08	1931.02	2807.92	3656.2	4849.19	4350.54	4560.88	5453.64
黑色金属冶炼及延加工业	1299.29	1530.15	1799.49	2824.01	3177.98	5776.9	7004.45	9007.14	7159.92	7506.09	8975.34
有色金属冶炼及延加工业	512.69	591.18	626.14	902.13	1275.46	1929.65	3198	4477.61	2873.58	3012.52	3602.19
电力、热力的生产和供应业	2328.62	2696.3	3165.74	3606.13	3930.76	5719.79	6912.46	8828.89	8855.92	9284.09	11101.37

行业	2011 年	2012 年	2013 年	2014 年	2015 年	2016 年	2017 年	2018 年	2019 年	2020 年	2021 年
石油加工、炼焦及核燃料加工业	4451.59	4765.54	5071.95	5319.79	5360.2	5598.3	6276.12	6868.56	7114.24	7138.06	8544.27
化学原料及化学制品制造业	9214.35	9864.19	10498.43	11011.43	11095.08	11587.94	12990.96	14217.25	14725.77	14775.08	17685.81
非金属矿物制品业	6445	6899.54	7343.16	7701.98	7760.49	8105.21	9086.56	9944.29	10299.98	10334.47	12370.38
黑色金属冶炼及延加工业	10606.88	11354.93	12085.02	12675.55	12771.84	13339.18	14954.24	16365.85	16951.22	17007.98	20358.6
有色金属冶炼及延加工业	4257	4557.22	4850.24	5087.25	5125.89	5353.59	6001.78	6568.32	6803.26	6826.04	8170.79
电力、热力的生产和供应业	13119.38	14044.63	14947.66	15678.07	15797.17	16498.89	18496.52	20242.5	20966.54	21036.74	25181.04

附表 8　2000—2021 年国内生产总值　　单位：亿元

2000 年	2001 年	2002 年	2003 年	2004 年	2005 年	2006 年	2007 年	2008 年	2009 年	2010 年
100280.10	110863.10	121717.40	137422.00	161840.20	187318.90	219438.50	270092.30	319244.60	348517.70	412119.30
2011 年	2012 年	2013 年	2014 年	2015 年	2016 年	2017 年	2018 年	2019 年	2020 年	2021 年
487940.20	538580.00	592963.20	643563.10	688858.20	746395.10	832035.90	919281.10	986515.20	1013567.00	1149237.00

附表 9　2000—2021 年全国人口数　　单位：万人

2000 年	2001 年	2002 年	2003 年	2004 年	2005 年	2006 年	2007 年	2008 年	2009 年	2010 年
126743	127627	128453	129227	129988	130756	131448	132129	132802	133450	134091
2011 年	2012 年	2013 年	2014 年	2015 年	2016 年	2017 年	2018 年	2019 年	2020 年	2021 年
134916	135922	136726	137646	138326	139232	140011	140541	141008	141212	141260

附表 10　2000—2021 年各区域能源强度　　单位：t 标煤／万元

区域	2000 年	2001 年	2002 年	2003 年	2004 年	2005 年	2006 年	2007 年	2008 年	2009 年	2010 年
北京	0.2890	0.2122	0.0915	-0.0043	-0.0736	-0.2356	-0.3012	-0.4136	-0.5239	-0.5812	-0.7341
天津	0.4391	0.3661	0.2934	0.1811	0.1348	0.0903	0.0168	-0.0396	-0.1957	-0.2687	-0.3300
河北	0.7731	0.6179	0.6353	0.6390	0.5846	0.6723	0.6220	0.5359	0.4038	0.3853	0.2889
山西	1.3794	1.4952	1.5290	1.4387	1.3048	1.1123	1.0844	0.9982	0.8123	0.7475	0.5818
内蒙古	0.9336	0.9750	0.9735	0.9951	1.0397	0.9085	0.8478	0.7382	0.5952	0.4665	0.3626
辽宁	0.8064	0.7467	0.6640	0.6285	0.6431	0.5298	0.4766	0.4028	0.2775	0.2303	0.1226
吉林	0.7012	0.6307	0.7003	0.7174	0.6376	0.3826	0.3222	0.2144	0.1162	0.0550	-0.0450

续表

区域	2000 年	2001 年	2002 年	2003 年	2004 年	2005 年	2006 年	2007 年	2008 年	2009 年	2010 年
黑龙江	0.6689	0.5273	0.4358	0.4155	0.3418	0.3784	0.3437	0.2830	0.1829	0.1978	0.0791
上海	-0.0504	-0.0364	-0.0554	-0.1623	-0.2631	-0.1068	-0.1653	-0.2431	-0.3023	-0.2481	-0.4472
江苏	-0.0167	-0.0678	-0.1002	-0.1183	-0.1198	-0.0671	-0.1332	-0.2110	-0.3135	-0.3659	-0.4783
浙江	0.0411	-0.0347	0.0566	0.0099	-0.0430	-0.1202	-0.1830	-0.2649	-0.3582	-0.3777	-0.5128
安徽	0.5156	0.4377	0.3660	0.2768	0.1814	0.2033	0.1403	0.0490	-0.0653	-0.1229	-0.2483
福建	-0.1508	-0.2960	-0.2179	-0.2373	-0.2678	-0.0706	-0.1123	-0.2012	-0.2741	-0.3076	-0.4101
江西	0.2210	0.0636	0.1755	0.1873	0.0836	0.0518	-0.0054	-0.0881	-0.1891	-0.2789	-0.4003
山东	0.2698	0.0509	0.3224	0.3006	0.2335	0.2624	0.1890	0.1135	-0.0190	-0.0474	-0.1242
河南	0.4521	0.3760	0.3809	0.3700	0.3512	0.3178	0.2610	0.1741	0.0268	0.0107	-0.0700
湖北	0.3694	0.2596	0.2983	0.3543	0.3673	0.4348	0.3782	0.2737	0.1244	0.0552	-0.0544
湖南	0.1142	0.1462	0.1478	0.0999	0.1555	0.3867	0.3337	0.2332	0.1001	0.0185	-0.0875
广东	-0.1643	-0.0486	-0.0395	-0.0442	-0.0732	-0.2260	-0.2776	-0.3435	-0.4241	-0.4329	-0.5515
广西	0.3196	0.1774	0.2382	0.1949	0.1779	0.1731	0.1038	0.0018	-0.1038	-0.0965	-0.1630
海南	-0.1225	-0.0882	-0.0400	0.0141	-0.0409	-0.0908	-0.1396	-0.1515	-0.2564	-0.2996	-0.4207
重庆	0.4211	0.5437	0.3000	0.2878	0.1797	0.4754	0.4283	0.3650	0.2349	0.0703	-0.0132
四川	0.4921	0.4063	0.4066	0.4998	0.4132	0.4626	0.4104	0.3049	0.1908	0.1398	0.0487
贵州	1.5173	1.3951	1.3069	1.3785	1.3396	1.0965	1.0434	0.9609	0.7499	0.5965	0.5829
云南	0.5563	0.5146	0.6102	0.5856	0.5611	0.5468	0.4987	0.4050	0.2727	0.2607	0.1795

续表

区域	2000年	2001年	2002年	2003年	2004年	2005年	2006年	2007年	2008年	2009年	2010年
陕西	0.5100	0.5720	0.6042	0.5562	0.5079	0.4140	0.3015	0.2131	0.0775	-0.0287	-0.1319
甘肃	1.1195	0.9969	1.0022	0.9920	0.9161	0.8119	0.7316	0.6350	0.5186	0.4496	0.3618
青海	1.2250	1.1316	1.0679	1.0091	1.0786	1.1190	1.0826	0.9791	0.8605	0.7727	0.6374
宁夏	1.4668	1.4479	1.4233	1.6472	1.6117	1.4245	1.3750	1.2365	1.0722	0.9117	0.7725
新疆	0.8391	0.8566	0.8465	0.8005	0.8036	0.7371	0.6763	0.6133	0.5114	0.5586	0.4157

区域	2011年	2012年	2013年	2014年	2015年	2016年	2017年	2018年	2019年	2020年	2021年
北京	-0.8572	-0.9250	-1.0756	-1.1475	-1.2234	-1.3119	-1.3740	-1.4241	-1.5698	-1.6704	-1.7018
天津	-0.4182	-0.4726	-0.6208	-0.6729	-0.6970	-0.7996	-0.8606	-0.8594	-0.5374	-0.5477	-0.6000
河北	0.1818	0.1263	0.0439	-0.0069	0.0377	-0.0223	-0.0619	-0.1147	-0.0757	-0.0943	-0.1637
山西	0.4858	0.4653	0.4471	0.4399	0.3970	0.3718	0.2292	0.1811	0.2030	0.1626	-0.0596
内蒙古	0.2641	0.2182	0.0476	0.0284	0.0508	0.0614	0.2034	0.2873	0.3870	0.4293	0.2791
辽宁	0.0206	-0.0553	-0.2205	-0.2724	-0.2931	-0.0645	-0.0904	-0.1247	-0.0477	0.0168	-0.0267
吉林	-0.1498	-0.2347	-0.4067	-0.4779	-0.6949	-0.7599	-0.7726	-0.7646	-0.4973	-0.5335	-0.5913
黑龙江	-0.0376	-0.0706	-0.1936	-0.2293	-0.3036	-0.3275	-0.3441	-0.3561	-0.1588	-0.1683	-0.2005
上海	-0.5421	-0.5815	-0.6511	-0.7566	-0.8299	-0.9199	-0.9896	-1.0496	-1.1824	-1.2557	-1.3309
江苏	-0.5785	-0.6293	-0.7072	-0.7804	-0.8375	-0.9095	-1.0015	-1.0753	-1.1194	-1.1458	-1.2246
浙江	-0.5964	-0.6524	-0.7028	-0.7589	-0.7853	-0.8506	-0.9068	-0.9597	-1.0240	-0.9646	-1.0200
安徽	-0.3707	-0.4173	-0.4907	-0.5559	-0.5866	-0.6605	-0.7349	-0.8196	-0.9843	-0.9512	-0.9157

续表

区域	2011 年	2012 年	2013 年	2014 年	2015 年	2016 年	2017 年	2018 年	2019 年	2020 年	2021 年
福建	-0.5034	-0.5699	-0.6685	-0.6906	-0.7882	-0.8774	-0.9460	-1.0069	-1.1283	-1.1426	-1.2168
江西	-0.5272	-0.5841	-0.6390	-0.6705	-0.6885	-0.7538	-0.8051	-0.8647	-0.9406	-0.9663	-1.0296
山东	-0.2058	-0.2538	-0.4385	-0.4899	-0.4740	-0.5326	-0.5971	-0.6356	-0.5406	-0.5537	-0.6758
河南	-0.1542	-0.2255	-0.3841	-0.4241	-0.5068	-0.5977	-0.6997	-0.7542	-0.8892	-0.8694	-0.9262
湖北	-0.1720	-0.2320	-0.4534	-0.5189	-0.6499	-0.7230	-0.7866	-0.8599	-0.9733	-0.9726	-1.0712
湖南	-0.1984	-0.2833	-0.5000	-0.5717	-0.6922	-0.7568	-0.8050	-0.8544	-0.9100	-0.9372	-1.0072
广东	-0.6281	-0.6762	-0.7829	-0.8329	-0.8886	-0.9587	-1.0288	-1.0789	-1.1486	-1.1694	-1.2390
广西	-0.3143	-0.3573	-0.4613	-0.5028	-0.5430	-0.5987	-0.5767	-0.6357	-0.6336	-0.6275	-0.6304
海南	-0.4597	-0.5309	-0.6088	-0.6582	-0.6631	-0.7177	-0.7683	-0.8048	-0.8523	-0.8966	-0.5164
重庆	-0.1358	-0.2112	-0.4569	-0.5101	-0.7118	-0.8038	-0.8571	-0.8714	-0.9767	-1.0377	-1.1517
四川	-0.0659	-0.1503	-0.3144	-0.3635	-0.4996	-0.5665	-0.6564	-0.7165	-0.8074	-0.8283	-0.8379
贵州	0.4654	0.3636	0.1470	0.0458	-0.1201	-0.2073	-0.3221	-0.3917	-0.4755	-0.5197	-0.5510
云南	0.0670	0.0090	-0.1546	-0.2064	-0.2703	-0.3243	-0.3864	-0.4367	-0.6472	-0.6372	-0.6841
陕西	-0.2494	-0.3090	-0.4151	-0.4566	-0.4304	-0.4710	-0.5597	-0.6426	-0.6491	-0.6546	-0.7473
甘肃	0.2569	0.2126	0.1497	0.0936	0.0961	0.0117	0.0028	-0.0548	-0.1090	-0.1022	-0.1782
青海	0.6425	0.6168	0.5801	0.5458	0.5310	0.4629	0.4649	0.4171	0.3562	0.3213	0.1836
宁夏	0.7143	0.6611	0.6173	0.5799	0.6197	0.5625	0.6239	0.6459	0.7131	0.6955	0.6012
新疆	0.4013	0.4497	0.4819	0.4687	0.5056	0.5164	0.4589	0.3633	0.3074	0.3192	0.2059

附表 11　2000—2021 年各区域人均 GDP

单位：万元/人

区域	2000 年	2001 年	2002 年	2003 年	2004 年	2005 年	2006 年	2007 年	2008 年	2009 年	2010 年
北京	0.8091	0.9370	1.0455	1.1651	1.3099	1.5139	1.6187	1.7614	1.8410	1.9523	1.9995
天津	0.5874	0.7008	0.8056	0.9758	1.1490	1.2749	1.4150	1.5287	1.7133	1.8338	1.9878
河北	-0.2662	-0.1789	-0.0927	0.0501	0.2560	0.3908	0.5284	0.6870	0.8432	0.8994	1.0532
山西	-0.6661	-0.6051	-0.4868	-0.2964	-0.0888	0.2227	0.3452	0.5274	0.7129	0.7665	0.9663
内蒙古	-0.5324	-0.4365	-0.3228	-0.1082	0.1227	0.4905	0.6958	0.9319	1.1698	1.3933	1.5549
辽宁	0.1157	0.1857	0.2613	0.3547	0.4884	0.6410	0.7788	0.9450	1.1397	1.2596	1.4435
吉林	-0.3787	-0.2692	-0.1822	-0.0685	0.0891	0.2888	0.4523	0.6618	0.8550	0.9781	1.1505
黑龙江	-0.1553	-0.0673	0.0182	0.1497	0.3291	0.3670	0.4821	0.6140	0.7760	0.8086	0.9961
上海	1.2397	1.3186	1.4023	1.5415	1.7103	1.6385	1.7526	1.8926	1.9896	2.0667	2.0291
江苏	0.1632	0.2563	0.3640	0.5193	0.7278	0.8985	1.0583	1.2217	1.3768	1.4984	1.6647
浙江	0.2972	0.3822	0.5211	0.7005	0.8730	1.0189	1.1592	1.3194	1.4402	1.4961	1.6431
安徽	-0.7200	-0.6499	-0.5418	-0.4377	-0.2526	-0.1421	0.0055	0.1861	0.3705	0.4952	0.7366
福建	0.1485	0.2120	0.2999	0.4041	0.5434	0.6230	0.7641	0.9520	1.1027	1.2191	1.3869
江西	-0.7233	-0.6499	-0.5397	-0.4038	-0.1998	-0.0576	0.0768	0.2337	0.3908	0.5501	0.7539
山东	-0.0455	0.0455	0.1523	0.3120	0.5262	0.6980	0.8668	1.0227	1.1964	1.2780	1.4136
河南	-0.6081	-0.5236	-0.4407	-0.2784	-0.0545	0.1263	0.2862	0.4708	0.6726	0.7226	0.8939
湖北	-0.3301	-0.2468	-0.1840	-0.1042	0.0488	0.1337	0.2849	0.4828	0.6861	0.8188	1.0263
湖南	-0.5729	-0.5019	-0.4208	-0.2805	-0.0924	0.0417	0.1781	0.3710	0.5608	0.7143	0.9050
广东	0.2535	0.3170	0.4075	0.5431	0.6784	0.8934	1.0414	1.1985	1.3241	1.4150	1.4982
广西	-0.8396	-0.7619	-0.6735	-0.5160	-0.3291	-0.1292	0.0292	0.2275	0.4032	0.4728	0.7040

续表

区域	2000年	2001年	2002年	2003年	2004年	2005年	2006年	2007年	2008年	2009年	2010年
海南	-0.3719	-0.3376	-0.2481	-0.1844	-0.0566	0.0835	0.2354	0.3753	0.5409	0.6551	0.8684
重庆	-0.5770	-0.4750	-0.3493	-0.2118	-0.0383	0.0937	0.2083	0.3825	0.5892	0.8294	1.0151
四川	-0.7374	-0.6444	-0.5506	-0.4435	-0.2091	-0.0987	0.0532	0.2541	0.4304	0.5504	0.7506
贵州	-1.3237	-1.2396	-1.1542	-1.0208	-0.8639	-0.6828	-0.5470	-0.3689	-0.1251	0.0304	0.2715
云南	-0.7686	-0.7203	-0.6580	-0.5688	-0.3956	-0.2440	-0.1087	0.0526	0.2301	0.3030	0.4544
陕西	-0.7876	-0.6884	-0.5937	-0.4339	-0.2540	-0.0102	0.1938	0.3789	0.6014	0.7742	0.9982
甘肃	-0.9576	-0.8763	-0.8001	-0.6888	-0.5158	-0.2908	-0.1327	0.0340	0.1914	0.2525	0.4770
青海	-0.6759	-0.5560	-0.4422	-0.3179	-0.1501	0.0045	0.1623	0.3547	0.5533	0.6655	0.8802
宁夏	-0.6207	-0.5043	-0.4084	-0.2570	-0.0835	0.0236	0.1695	0.3818	0.5818	0.7783	0.9881
新疆	-0.3049	-0.2300	-0.1676	-0.0174	0.1255	0.2706	0.4055	0.5306	0.6878	0.6902	0.9177

区域	2011年	2012年	2013年	2014年	2015年	2016年	2017年	2018年	2019年	2020年	2021年
北京	2.1000	2.1688	2.2476	2.3025	2.3655	2.4698	2.5572	2.6406	2.7986	2.7982	2.9313
天津	2.1426	2.2319	2.3036	2.3536	2.3792	2.4428	2.4761	2.4908	2.2013	2.3132	2.4306
河北	1.2229	1.2970	1.3586	1.3859	1.3926	1.4601	1.5126	1.5639	1.5336	1.5749	1.6897
山西	1.1429	1.2128	1.2523	1.2548	1.2504	1.2678	1.4365	1.5113	1.5200	1.6302	1.8814
内蒙古	1.7574	1.8545	1.9145	1.9607	1.9615	1.9750	1.8526	1.9214	1.9147	1.9691	2.1763
辽宁	1.6245	1.7343	1.8245	1.8749	1.8772	1.6251	1.6776	1.7580	1.7438	1.7686	1.8717
吉林	1.3470	1.4682	1.5566	1.6126	1.6309	1.6840	1.7018	1.7158	1.4696	1.6206	1.7074
黑龙江	1.1884	1.2729	1.3270	1.3668	1.3727	1.3970	1.4331	1.4650	1.2860	1.4453	1.5518
上海	2.1109	2.1444	2.2082	2.2759	2.3398	2.4558	2.5387	2.6026	2.7554	2.7524	2.8646

续表

区域	2011 年	2012 年	2013 年	2014 年	2015 年	2016 年	2017 年	2018 年	2019 年	2020 年	2021 年
江苏	1.8292	1.9220	2.0196	2.1026	2.1747	2.2710	2.3716	2.4438	2.5145	2.4960	2.6265
浙江	1.7792	1.8465	1.9287	1.9879	2.0495	2.1391	2.2198	2.2889	2.3761	2.3099	2.4322
安徽	0.9423	1.0575	1.1632	1.2362	1.2808	1.3753	1.4679	1.5626	1.7664	1.8312	1.9413
福建	1.5556	1.6632	1.7604	1.8480	1.9164	2.0110	2.1124	2.2104	2.3715	2.3524	2.4744
江西	0.9613	1.0578	1.1610	1.2434	1.3008	1.3962	1.4684	1.5568	1.6708	1.7416	1.8874
山东	1.5547	1.6442	1.7384	1.8063	1.8589	1.9276	1.9852	2.0317	1.9552	1.9716	2.0981
河南	1.0530	1.1474	1.2300	1.3103	1.3641	1.4487	1.5406	1.6125	1.7297	1.6991	1.7679
湖北	1.2296	1.3499	1.4546	1.5506	1.6224	1.7168	1.7951	1.8964	2.0462	1.9972	2.1581
湖南	1.0946	1.2084	1.3068	1.3930	1.4529	1.5343	1.6006	1.6667	1.7499	1.8332	1.9303
广东	1.6254	1.6882	1.7721	1.8480	1.9096	2.0017	2.0910	2.1565	2.2425	2.1807	2.2881
广西	0.9292	1.0279	1.1230	1.1966	1.2582	1.3357	1.3377	1.4228	1.4578	1.4870	1.6122
海南	1.0612	1.1749	1.2715	1.3590	1.4065	1.4895	1.5775	1.6478	1.7318	1.7127	1.8562
重庆	1.2384	1.3588	1.4638	1.5655	1.6548	1.7665	1.8475	1.8861	2.0259	2.0579	2.1685
四川	0.9606	1.0855	1.1822	1.2564	1.3022	1.3864	1.4963	1.5868	1.7187	1.7580	1.8658
贵州	0.4955	0.6785	0.8395	0.9722	1.0935	1.2013	1.3338	1.4169	1.5354	1.5337	1.6189
云南	0.6557	0.7973	0.9291	1.0030	1.0580	1.1344	1.2303	1.3120	1.5674	1.6496	1.7530
陕西	1.2079	1.3497	1.4613	1.5461	1.5608	1.6295	1.7451	1.8481	1.8969	1.8851	2.0304
甘肃	0.6727	0.7875	0.8977	0.9720	0.9618	1.0168	1.0472	1.1422	1.1938	1.2767	1.4104
青海	1.0826	1.1994	1.3049	1.3780	1.4171	1.4709	1.4827	1.5621	1.5889	1.6262	1.7411
宁夏	1.1952	1.2918	1.3766	1.4311	1.4772	1.5517	1.6246	1.6881	1.6904	1.7051	1.8478
新疆	1.1015	1.2178	1.3232	1.4024	1.3872	1.4003	1.5028	1.5989	1.6916	1.6791	1.8404

附表 12　2000—2021 年各区域人口集聚性

单位：人/hm²

区域	2000 年	2001 年	2002 年	2003 年	2004 年	2005 年	2006 年	2007 年	2008 年	2009 年	2010 年
北京	2.0939	2.1096	2.1367	2.1595	2.1846	2.2143	2.2544	2.3002	2.3553	2.4044	2.4578
天津	2.1814	2.1844	2.1873	2.1913	2.2041	2.2225	2.2527	2.2892	2.3425	2.3858	2.4420
河北	1.2685	1.2723	1.2776	1.2827	1.2886	1.2947	1.3016	1.3081	1.3147	1.3211	1.3436
山西	0.7311	0.7388	0.7455	0.7515	0.7579	0.7638	0.7698	0.7751	0.7804	0.7851	0.8271
内蒙古	-1.6069	-1.6031	-1.6019	-1.6010	-1.5981	-1.5939	-1.5889	-1.5832	-1.5770	-1.5713	-1.5656
辽宁	1.0535	1.0559	1.0580	1.0597	1.0614	1.0623	1.0741	1.0804	1.0843	1.0904	1.0982
吉林	0.3585	0.3618	0.3648	0.3667	0.3685	0.3711	0.3737	0.3762	0.3777	0.3799	0.3824
黑龙江	-0.2171	-0.2160	-0.2155	-0.2150	-0.2145	-0.2137	-0.2129	-0.2126	-0.2124	-0.2121	-0.2103
上海	3.2402	3.2762	3.3029	3.3333	3.3717	3.4012	3.4396	3.4893	3.5259	3.5576	3.5988
江苏	1.9659	1.9703	1.9766	1.9836	1.9923	2.0009	2.0098	2.0185	2.0236	2.0297	2.0373
浙江	1.5235	1.5339	1.5438	1.5606	1.5745	1.5878	1.6039	1.6202	1.6312	1.6434	1.6753
安徽	1.4728	1.4785	1.4811	1.4842	1.4947	1.4772	1.4756	1.4769	1.4797	1.4790	1.4502
福建	1.0336	1.0438	1.0528	1.0602	1.0679	1.0758	1.0837	1.0912	1.0986	1.1060	1.1133
江西	0.9099	0.9189	0.9276	0.9350	0.9421	0.9483	0.9548	0.9615	0.9688	0.9760	0.9828
山东	1.7664	1.7713	1.7758	1.7805	1.7865	1.7939	1.8005	1.8067	1.8120	1.8176	1.8300
河南	1.7372	1.7442	1.7503	1.7559	1.7611	1.7258	1.7270	1.7236	1.7310	1.7371	1.7284
湖北	1.1109	1.1130	1.1155	1.1178	1.1201	1.1222	1.1192	1.1203	1.1224	1.1239	1.1253
湖南	1.1308	1.1360	1.1410	1.1461	1.1513	1.0942	1.0967	1.0988	1.1027	1.1068	1.1320
广东	1.5698	1.5793	1.5917	1.6053	1.6217	1.6308	1.6574	1.6802	1.7040	1.7277	1.7580
广西	0.6997	0.7075	0.7145	0.7218	0.7283	0.6804	0.6929	0.7033	0.7133	0.7216	0.6696

续表

区域	2000 年	2001 年	2002 年	2003 年	2004 年	2005 年	2006 年	2007 年	2008 年	2009 年	2010 年
海南	0.8406	0.8501	0.8596	0.8693	0.8779	0.8901	0.8997	0.9104	0.9210	0.9326	0.9384
重庆	1.2417	1.2348	1.2297	1.2255	1.2219	1.2237	1.2273	1.2301	1.2383	1.2453	1.2543
四川	0.5482	0.5256	0.5216	0.5297	0.5191	0.5341	0.5288	0.5237	0.5250	0.5308	0.5135
贵州	0.7580	0.7694	0.7794	0.7879	0.7967	0.7511	0.7403	0.7245	0.7145	0.6980	0.6814
云南	0.1011	0.1120	0.1226	0.1325	0.1414	0.1493	0.1566	0.1635	0.1699	0.1761	0.1828
陕西	0.5723	0.5748	0.5772	0.5800	0.5824	0.5849	0.5873	0.5897	0.5924	0.5948	0.5970
甘肃	-0.5915	-0.5884	-0.5852	-0.5828	-0.5813	-0.5797	-0.5789	-0.5785	-0.5773	-0.5758	-0.5738
青海	-2.6380	-2.6253	-2.6148	-2.6046	-2.5953	-2.5879	-2.5788	-2.5715	-2.5679	-2.5625	-2.5517
宁夏	-0.1811	-0.1650	-0.1491	-0.1353	-0.1216	-0.1080	-0.0947	-0.0848	-0.0718	-0.0605	-0.0478
新疆	-2.1948	-2.1803	-2.1649	-2.1498	-2.1349	-2.1113	-2.0916	-2.0698	-2.0528	-2.0398	-2.0278

区域	2011 年	2012 年	2013 年	2014 年	2015 年	2016 年	2017 年	2018 年	2019 年	2020 年	2021 年
北京	2.4889	2.5152	2.5376	2.5590	2.5668	2.5700	2.5695	2.5686	2.5677	2.5672	2.5672
天津	2.4738	2.5010	2.5240	2.5373	2.5443	2.5471	2.5240	2.5046	2.5061	2.5075	2.4974
河北	1.3488	1.3530	1.3566	1.3613	1.3643	1.3684	1.3730	1.3753	1.3781	1.3804	1.3783
山西	0.8237	0.8198	0.8161	0.8141	0.8116	0.8101	0.8090	0.8067	0.8053	0.8033	0.8004
内蒙古	-1.5664	-1.5689	-1.5725	-1.5750	-1.5786	-1.5803	-1.5815	-1.5860	-1.5889	-1.5939	-1.5952
辽宁	1.0991	1.0982	1.0959	1.0943	1.0897	1.0871	1.0837	1.0788	1.0755	1.0703	1.0642
吉林	0.3744	0.3644	0.3533	0.3435	0.3324	0.3147	0.2986	0.2818	0.2672	0.2470	0.2369
黑龙江	-0.2237	-0.2391	-0.2548	-0.2708	-0.2929	-0.3118	-0.3304	-0.3519	-0.3737	-0.3999	-0.4145
上海	3.6216	3.6397	3.6599	3.6676	3.6640	3.6676	3.6672	3.6709	3.6733	3.6761	3.6765

续表

区域	2011 年	2012 年	2013 年	2014 年	2015 年	2016 年	2017 年	2018 年	2019 年	2020 年	2021 年
江苏	2.0566	2.0687	2.0775	2.0883	2.0924	2.1003	2.1053	2.1080	2.1107	2.1117	2.1150
浙江	1.6976	1.7180	1.7353	1.7535	1.7695	1.7839	1.7999	1.8165	1.8326	1.8471	1.8581
安徽	1.4528	1.4538	1.4554	1.4569	1.4593	1.4629	1.4669	1.4700	1.4726	1.4748	1.4761
福建	1.1377	1.1526	1.1640	1.1794	1.1892	1.1972	1.2093	1.2189	1.2269	1.2327	1.2389
江西	0.9855	0.9857	0.9859	0.9868	0.9879	0.9904	0.9937	0.9941	0.9948	0.9955	0.9950
山东	1.8380	1.8425	1.8464	1.8527	1.8586	1.8694	1.8754	1.8798	1.8826	1.8885	1.8890
河南	1.7344	1.7418	1.7461	1.7536	1.7594	1.7673	1.7725	1.7761	1.7798	1.7838	1.7780
湖北	1.1309	1.1345	1.1375	1.1406	1.1464	1.1524	1.1556	1.1578	1.1595	1.1283	1.1430
湖南	1.1337	1.1351	1.1366	1.1383	1.1389	1.1404	1.1416	1.1419	1.1426	1.1434	1.1399
广东	1.7877	1.8138	1.8344	1.8536	1.8699	1.8894	1.9088	1.9257	1.9371	1.9478	1.9526
广西	0.6793	0.6876	0.6955	0.7037	0.7122	0.7218	0.7320	0.7401	0.7472	0.7546	0.7581
海南	0.9623	0.9845	0.9954	1.0127	1.0222	1.0349	1.0504	1.0606	1.0738	1.0907	1.0986
重庆	1.2746	1.2850	1.2971	1.3076	1.3165	1.3294	1.3403	1.3463	1.3542	1.3608	1.3617
四川	0.5159	0.5185	0.5214	0.5251	0.5321	0.5388	0.5434	0.5473	0.5509	0.5532	0.5534
贵州	0.6960	0.7120	0.7245	0.7368	0.7452	0.7586	0.7705	0.7755	0.7822	0.7848	0.7833
云南	0.1867	0.1891	0.1913	0.1939	0.1960	0.1990	0.2024	0.2046	0.2069	0.2086	0.2018
陕西	0.6050	0.6108	0.6153	0.6213	0.6263	0.6335	0.6412	0.6481	0.6514	0.6542	0.6540
甘肃	-0.5769	-0.5777	-0.5828	-0.5852	-0.5884	-0.5895	-0.5888	-0.5915	-0.5939	-0.5971	-0.6015
青海	-2.5429	-2.5376	-2.5376	-2.5289	-2.5272	-2.5186	-2.5117	-2.5100	-2.5049	-2.4998	-2.4981
宁夏	-0.0244	-0.0076	0.0030	0.0209	0.0297	0.0456	0.0599	0.0670	0.0768	0.0824	0.0879
新疆	-2.0096	-1.9971	-1.9830	-1.9657	-1.9402	-1.9223	-1.9011	-1.8851	-1.8698	-1.8577	-1.8581

附表 13

2000—2021 年各区域研发投资强度

单位：%

区域	2000 年	2001 年	2002 年	2003 年	2004 年	2005 年	2006 年	2007 年	2008 年	2009 年	2010 年
北京	1.8376	1.5291	1.6231	1.6296	1.6555	1.7016	1.7047	1.6864	1.6582	1.7047	1.7613
天津	0.4099	0.2724	0.3720	0.4492	0.5478	0.6200	0.7793	0.8198	0.8961	0.8629	0.9123
河北	-0.6601	-0.7600	-0.5829	-0.5970	-0.6604	-0.5305	-0.4155	-0.4155	-0.4005	-0.2485	-0.2744
山西	-0.5071	-0.6308	-0.4790	-0.5917	-0.4228	-0.4753	-0.2744	-0.1508	-0.1054	0.0953	-0.0202
内蒙古	-1.4459	-1.4803	-1.3971	-1.3169	-1.3607	-1.2053	-1.0788	-0.9163	-0.8210	-0.6349	-0.5978
辽宁	-0.1130	0.0685	0.2714	0.3241	0.4714	0.4380	0.3853	0.4055	0.3436	0.4253	0.4447
吉林	-0.3068	-0.2508	0.1170	0.0433	0.1285	0.0821	-0.0408	-0.0408	-0.1985	0.1133	-0.1393
黑龙江	-0.7808	-0.5227	-0.4453	-0.2158	-0.2941	-0.1200	-0.0834	-0.0726	0.0392	0.2390	0.1740
上海	0.4834	0.5253	0.6530	0.6552	0.7512	0.8125	0.9163	0.9243	0.9517	1.0332	1.0332
江苏	-0.1605	-0.0243	0.1007	0.1902	0.3551	0.3720	0.4700	0.5128	0.6523	0.7130	0.7275
浙江	-0.5918	-0.5106	-0.3880	-0.2551	-0.0085	0.1964	0.3507	0.4055	0.4700	0.5481	0.5766
安徽	-0.4181	-0.4310	-0.3145	-0.1913	-0.2277	-0.1532	-0.0305	-0.0305	0.1044	0.3001	0.2776
福建	-0.6147	-0.5890	-0.6048	-0.2844	-0.2276	-0.2012	-0.1165	-0.1165	-0.0619	0.1044	0.1484
江西	-0.8931	-1.0258	-0.7393	-0.5016	-0.4748	-0.3531	-0.2107	-0.1165	-0.0305	-0.0101	-0.0834
山东	-0.4964	-0.4120	-0.1527	-0.1515	-0.0556	0.0604	0.0583	0.1823	0.3365	0.4253	0.5423
河南	-0.7283	-0.6705	-0.7227	-0.6972	-0.7018	-0.6441	-0.4463	-0.4005	-0.4155	-0.1054	-0.0943
湖北	-0.2061	-0.0531	0.1284	0.1414	0.0047	0.1293	0.2231	0.1906	0.2700	0.5008	0.5008
湖南	-0.6538	-0.4679	-0.4603	-0.4371	-0.4219	-0.3936	-0.3425	-0.2231	0.0100	0.1655	0.1484
广东	0.1030	0.1321	0.1470	0.1264	0.1129	0.0777	0.1740	0.2624	0.3436	0.5008	0.5653
广西	-0.8923	-1.0470	-1.0311	-0.9238	-1.0596	-1.0039	-0.9676	-0.9943	-0.7765	-0.4943	-0.4155

续表

区域	2000 年	2001 年	2002 年	2003 年	2004 年	2005 年	2006 年	2007 年	2008 年	2009 年	2010 年
海南	-1.8689	-1.9431	-1.6454	-1.7538	-1.3361	-1.7250	-1.6094	-1.5606	-1.4697	-1.0498	-1.0788
重庆	-0.4534	-0.5685	-0.4570	-0.2671	-0.1277	-0.0803	0.0583	0.1310	0.1655	0.1989	0.2390
四川	0.1130	0.2921	0.2701	0.3980	0.2010	0.2685	0.2231	0.2776	0.2469	0.4187	0.4318
贵州	-0.8610	-0.7600	-0.7122	-0.5908	-0.6567	-0.6005	-0.4463	-0.6931	-0.5621	-0.3857	-0.4308
云南	-1.0561	-1.0214	-0.8587	-0.8431	-0.9024	-0.4856	-0.6539	-0.5978	-0.6162	-0.5108	-0.4943
陕西	1.0920	0.9444	0.9909	0.9661	0.9668	0.8540	0.8065	0.8020	0.7372	0.8416	0.7655
甘肃	-0.2979	-0.2925	-0.1134	-0.0895	-0.1592	0.0134	0.0488	-0.0513	0.0000	0.0953	0.0198
青海	-0.7069	-0.9167	-0.4837	-0.4860	-0.4406	-0.5939	-0.6539	-0.7134	-0.8916	-0.3567	-0.3011
宁夏	-0.4461	-0.8108	-0.6343	-0.6182	-0.5497	-0.6494	-0.3567	-0.1744	-0.3711	-0.2614	-0.3857
新疆	-1.4501	-1.5393	-1.5277	-1.6022	-1.3034	-1.4034	-1.2730	-1.2730	-0.9676	-0.6733	-0.7134

区域	2011 年	2012 年	2013 年	2014 年	2015 年	2016 年	2017 年	2018 年	2019 年	2020 年	2021 年
北京	1.7509	1.7834	1.8050	1.7834	1.7934	1.7851	1.7299	1.8197	1.8421	1.8625	1.8764
天津	0.9670	1.0296	1.0919	1.0852	1.1249	1.0986	0.9042	0.9632	1.1878	1.2355	1.2975
河北	-0.1985	-0.0834	0.0000	0.0583	0.1655	0.1823	0.2852	0.3293	0.4762	0.5596	0.6152
山西	0.0100	0.0862	0.2070	0.1740	0.0392	0.0296	-0.0513	0.0488	0.1133	0.1823	0.1133
内蒙古	-0.5276	-0.4463	-0.3567	-0.3711	-0.2744	-0.2357	-0.1985	-0.2877	-0.1508	-0.0726	-0.0726
辽宁	0.4947	0.4511	0.5008	0.4187	0.2390	0.5247	0.6098	0.5988	0.7130	0.7839	0.7793
吉林	-0.1744	-0.0834	-0.0834	-0.0513	0.0100	-0.0619	-0.1508	-0.2744	0.2390	0.2624	0.3293
黑龙江	0.0198	0.0677	0.1398	0.0677	0.0488	-0.0101	-0.0834	-0.1863	0.0770	0.2311	0.2700
上海	1.1346	1.2149	1.2809	1.2975	1.3164	1.3403	1.3686	1.4255	1.3863	1.4279	1.4375

续表

区域	2011年	2012年	2013年	2014年	2015年	2016年	2017年	2018年	2019年	2020年	2021年
江苏	0.7747	0.8671	0.9203	0.9322	0.9439	0.9783	0.9670	0.9933	1.0260	1.0750	1.0818
浙江	0.6152	0.7324	0.7793	0.8154	0.8587	0.8879	0.8961	0.9439	0.9858	1.0578	1.0784
安徽	0.3365	0.4947	0.6152	0.6366	0.6729	0.6780	0.7372	0.7701	0.7080	0.8242	0.8502
福建	0.2311	0.3221	0.3646	0.3920	0.4121	0.4637	0.5247	0.5878	0.5766	0.6523	0.6831
江西	-0.1863	-0.1278	-0.0619	-0.0305	0.0392	0.1222	0.2469	0.3436	0.4383	0.5188	0.5306
山东	0.6206	0.7130	0.7655	0.7839	0.8198	0.8502	0.8796	0.7655	0.7419	0.8329	0.8502
河南	-0.0202	0.0488	0.1044	0.1310	0.1655	0.2070	0.2700	0.3365	0.3784	0.4947	0.5481
湖北	0.5008	0.5481	0.5933	0.6259	0.6419	0.6206	0.6780	0.7372	0.7372	0.8372	0.8416
湖南	0.1740	0.2624	0.2852	0.3075	0.3577	0.4055	0.5188	0.5933	0.6831	0.7655	0.8020
广东	0.6729	0.7747	0.8416	0.8629	0.9042	0.9400	0.9594	1.0225	1.0578	1.1442	1.1694
广西	-0.3711	-0.2877	-0.2877	-0.3425	-0.4620	-0.4308	-0.2614	-0.3425	-0.2357	-0.2485	-0.2107
海南	-0.8916	-0.7340	-0.7550	-0.7340	-0.7765	-0.6162	-0.6539	-0.5798	-0.5798	-0.4155	-0.3147
重庆	0.2469	0.3365	0.3293	0.3507	0.4511	0.5423	0.6313	0.6981	0.6881	0.7467	0.7701
四川	0.3365	0.3853	0.4187	0.4511	0.5128	0.5423	0.5423	0.5933	0.6259	0.7747	0.8154
贵州	-0.4463	-0.4943	-0.5276	-0.5108	-0.5276	-0.4620	-0.3425	-0.1985	-0.1508	-0.0943	-0.0834
云南	-0.4620	-0.4005	-0.3857	-0.4005	-0.2231	-0.1165	-0.0408	0.0488	-0.0513	0.0000	0.0392
陕西	0.6881	0.6881	0.7608	0.7275	0.7793	0.7839	0.7419	0.7793	0.8198	0.8838	0.8544
甘肃	-0.0305	0.0677	0.0677	0.1133	0.1989	0.1989	0.1740	0.1655	0.2311	0.1989	0.2311
青海	-0.2877	-0.3711	-0.4308	-0.4780	-0.7340	-0.6162	-0.3857	-0.5108	-0.3711	-0.3425	-0.2231
宁夏	-0.3147	-0.2485	-0.2107	-0.1393	-0.1278	-0.0513	0.1222	0.2070	0.3716	0.4187	0.4447
新疆	-0.6931	-0.6349	-0.6162	-0.6349	-0.5798	-0.5276	-0.6539	-0.6349	-0.7550	-0.7985	-0.7134

附表 14　2000—2021 年各区域森林覆盖率　　　　　　　　　　　　　　　　　　　　　　　　单位：%

区域	2000 年	2001 年	2002 年	2003 年	2004 年	2005 年	2006 年	2007 年	2008 年	2009 年	2010 年
北京	2.9407	2.9407	2.9407	2.9407	3.0568	3.0568	3.0568	3.0568	3.0568	3.4569	3.4569
天津	2.0109	2.0109	2.0109	2.0109	2.0968	2.0968	2.0968	2.0968	2.0968	2.1090	2.1090
河北	2.8948	2.8948	2.8948	2.8948	2.8730	2.8730	2.8730	2.8730	2.8730	3.1041	3.1041
山西	2.4613	2.4613	2.4613	2.4613	2.5870	2.5870	2.5870	2.5870	2.5870	2.6476	2.6476
内蒙古	2.5440	2.5440	2.5440	2.5440	2.8736	2.8736	2.8736	2.8736	2.8736	2.9957	2.9957
辽宁	3.4324	3.4324	3.4324	3.4324	3.4956	3.4956	3.4956	3.4956	3.4956	3.5591	3.5591
吉林	3.6225	3.6225	3.6225	3.6225	3.6410	3.6410	3.6410	3.6410	3.6410	3.6618	3.6618
黑龙江	3.6564	3.6564	3.6564	3.6564	3.6773	3.6773	3.6773	3.6773	3.6773	3.7469	3.7469
上海	1.2975	1.2975	1.2975	1.2975	1.1537	1.1537	1.1537	1.1537	1.1537	2.2418	2.2418
江苏	1.5063	1.5063	1.5063	1.5063	2.0202	2.0202	2.0202	2.0202	2.0202	2.3495	2.3495
浙江	3.9279	3.9279	3.9279	3.9279	3.9965	3.9965	3.9965	3.9965	3.9965	4.0502	4.0502
安徽	3.1333	3.1333	3.1333	3.1333	3.1793	3.1793	3.1793	3.1793	3.1793	3.2604	3.2604
福建	4.1030	4.1030	4.1030	4.1030	4.1425	4.1425	4.1425	4.1425	4.1425	4.1447	4.1447
江西	3.9772	3.9772	3.9772	3.9772	4.0228	4.0228	4.0228	4.0228	4.0228	4.0659	4.0659
山东	2.5321	2.5321	2.5321	2.5321	2.5982	2.5982	2.5982	2.5982	2.5982	2.8166	2.8166
河南	2.5273	2.5273	2.5273	2.5273	2.7844	2.7844	2.7844	2.7844	2.7844	3.0037	3.0037
湖北	3.2573	3.2573	3.2573	3.2573	3.2873	3.2873	3.2873	3.2873	3.2873	3.4385	3.4385
湖南	3.6610	3.6610	3.6610	3.6610	3.7045	3.7045	3.7045	3.7045	3.7045	3.8013	3.8013
广东	3.8245	3.8245	3.8245	3.8245	3.8392	3.8392	3.8392	3.8392	3.8392	3.9008	3.9008
广西	3.5372	3.5372	3.5372	3.5372	3.7235	3.7235	3.7235	3.7235	3.7235	3.9648	3.9648

续表

区域	2000 年	2001 年	2002 年	2003 年	2004 年	2005 年	2006 年	2007 年	2008 年	2009 年	2010 年
海南	3.6778	3.6778	3.6778	3.6778	3.8892	3.8892	3.8892	3.8892	3.8892	3.9509	3.9509
重庆	3.0722	3.0722	3.0722	3.0722	3.1023	3.1023	3.1023	3.1023	3.1023	3.5511	3.5511
四川	3.1570	3.1570	3.1570	3.1570	3.4102	3.4102	3.4102	3.4102	3.4102	3.5354	3.5354
贵州	3.0354	3.0354	3.0354	3.0354	3.1709	3.1709	3.1709	3.1709	3.1709	3.4535	3.4535
云南	3.5157	3.5157	3.5157	3.5157	3.7079	3.7079	3.7079	3.7079	3.7079	3.8607	3.8607
陕西	3.3583	3.3583	3.3583	3.3583	3.4828	3.4828	3.4828	3.4828	3.4828	3.6179	3.6179
甘肃	1.5748	1.5748	1.5748	1.5748	1.8961	1.8961	1.8961	1.8961	1.8961	2.3437	2.3437
青海	-0.8440	-0.8440	-0.8440	-0.8440	1.4816	1.4816	1.4816	1.4816	1.4816	1.5195	1.5195
宁夏	0.7885	0.7885	0.7885	0.7885	1.8050	1.8050	1.8050	1.8050	1.8050	2.2865	2.2865
新疆	0.0770	0.0770	0.0770	0.0770	1.0784	1.0784	1.0784	1.0784	1.0784	1.3913	1.3913

区域	2011 年	2012 年	2013 年	2014 年	2015 年	2016 年	2017 年	2018 年	2019 年	2020 年	2021 年
北京	3.4569	3.4569	3.5791	3.5791	3.5791	3.5791	3.5791	3.7789	3.7789	3.7796	3.7796
天津	2.1090	2.1090	2.2895	2.2895	2.2895	2.2895	2.2895	2.4907	2.4907	2.4932	2.4932
河北	3.1041	3.1041	3.1532	3.1532	3.1532	3.1532	3.1532	3.2877	3.2877	3.2884	3.2884
山西	2.6476	2.6476	2.8920	2.8920	2.8920	2.8920	2.8920	3.0204	3.0204	3.0204	3.0204
内蒙古	2.9957	2.9957	3.0460	3.0460	3.0460	3.0460	3.0460	3.0956	3.0956	3.0956	3.0956
辽宁	3.5591	3.5591	3.6439	3.6439	3.6439	3.6439	3.6439	3.6697	3.6697	3.6687	3.6687
吉林	3.6618	3.6618	3.6983	3.6983	3.6983	3.6983	3.6983	3.7255	3.7255	3.7257	3.7257
黑龙江	3.7469	3.7469	3.7649	3.7649	3.7649	3.7649	3.7649	3.7792	3.7792	3.7796	3.7796
上海	2.2418	2.2418	2.3740	2.3740	2.3740	2.3740	2.3740	2.6419	2.6419	2.6391	2.6391

续表

区域	2011 年	2012 年	2013 年	2014 年	2015 年	2016 年	2017 年	2018 年	2019 年	2020 年	2021 年
江苏	2.3495	2.3495	2.7600	2.7600	2.7600	2.7600	2.7600	2.7213	2.7213	2.7213	2.7213
浙江	4.0502	4.0502	4.0787	4.0787	4.0787	4.0787	4.0787	4.0848	4.0848	4.0843	4.0843
安徽	3.2604	3.2604	3.3153	3.3153	3.3153	3.3153	3.3153	3.3552	3.3552	3.3569	3.3569
福建	4.1447	4.1447	4.1889	4.1889	4.1889	4.1889	4.1889	4.2017	4.2017	4.2017	4.2017
江西	4.0659	4.0659	4.0945	4.0945	4.0945	4.0945	4.0945	4.1135	4.1135	4.1141	4.1141
山东	2.8166	2.8166	2.8172	2.8172	2.8172	2.8172	2.8172	2.8628	2.8628	2.8622	2.8622
河南	3.0037	3.0037	3.0681	3.0681	3.0681	3.0681	3.0681	3.1839	3.1839	3.1822	3.1822
湖北	3.4385	3.4385	3.6481	3.6481	3.6481	3.6481	3.6481	3.6791	3.6791	3.6788	3.6788
湖南	3.8013	3.8013	3.8664	3.8664	3.8664	3.8664	3.8664	3.9058	3.9058	3.9060	3.9060
广东	3.9008	3.9008	3.9369	3.9369	3.9369	3.9369	3.9369	3.9801	3.9801	3.9797	3.9797
广西	3.9648	3.9648	4.0344	4.0344	4.0344	4.0344	4.0344	4.0972	4.0972	4.0977	4.0977
海南	3.9509	3.9509	4.0142	4.0142	4.0142	4.0142	4.0142	4.0493	4.0493	4.0500	4.0500
重庆	3.5511	3.5511	3.6488	3.6488	3.6488	3.6488	3.6488	3.7638	3.7638	3.7635	3.7635
四川	3.5354	3.5354	3.5616	3.5616	3.5616	3.5616	3.5616	3.6384	3.6384	3.6376	3.6376
贵州	3.4535	3.4535	3.6133	3.6133	3.6133	3.6133	3.6133	3.7789	3.7789	3.7796	3.7796
云南	3.8607	3.8607	3.9126	3.9126	3.9126	3.9126	3.9126	4.0081	4.0081	4.0073	4.0073
陕西	3.6179	3.6179	3.7238	3.7238	3.7238	3.7238	3.7238	3.7626	3.7626	3.7635	3.7635
甘肃	2.3437	2.3437	2.4230	2.4230	2.4230	2.4230	2.4230	2.4275	2.4275	2.4248	2.4248
青海	1.5195	1.5195	1.7281	1.7281	1.7281	1.7281	1.7281	1.7613	1.7613	1.7579	1.7579
宁夏	2.2865	2.2865	2.4757	2.4757	2.4757	2.4757	2.4757	2.5361	2.5361	2.5337	2.5337
新疆	1.3913	1.3913	1.4446	1.4446	1.4446	1.4446	1.4446	1.5831	1.5831	1.5892	1.5892

参 考 文 献

[1] Apostolakis, G., Papadopoulos,A.P.Financial stress spillovers in advanced economies [J]. Journal of International Financial Markets Institutions & Money, 2014, 32, 128 – 149.

[2] 王梦晴. 鲁南经济带城镇化水平与资源环境压力的关系研究 [D]. 曲阜师范大学, 2019.

[3] 卢小兰. 中国省域资源环境承载力评价及空间统计分析 [J]. 统计与决策, 2014, 403 (07): 116 – 120.

[4] 李海鹰. 基于足迹家族的山东省资源与环境压力评价 [D]. 青岛大学, 2018.

[5] 王爱国. 济南大学商学文库碳交易市场、碳会计核算及碳社会责任问题研究 [M]. 桂林: 广西师范大学出版社, 2017.

[6] Wiedmann T, Minx J. A definition of Carbon Footprint [J]. ISAResearch Report, 2007: 1 – 7.

[7] 白伟荣, 王震, 吕佳. 碳足迹核算的国际标准概述与解析 [J]. 生态学报, 2014, 34 (24): 7486 – 7493.

[8] 闫丰, 王洋, 杜哲, 等. 基于 IPCC 排放因子法估算碳足迹的京津冀生态补偿量化 [J]. 农业工程学报, 2018, 34 (04): 15 – 20.

[9] Hammond G. Time to Give due Weight to the'Carbon Footprint'Issue [J]. Nature, 2007, 445(7125): 256 – 256.

[10] Kenny T, Gray N F. A preliminary survey of household and personal carbon dioxide emissions in Ireland [J]. Environment International, 2009, 35(2): 259 – 272.

[11] Steen-Olsen K, Wood R, Hertwich E G. The carbon footprint of Norwegian household consumption 1999 – 2012 [J]. Journal of Industrial Ecology, 2016, 20(3): 582 – 592.

[12] Adewale C, Reganold J P, Higgins S, et al. Agricultural carbon footprint is farm specific: Case study of two organic farms [J]. Journal of Cleaner Production, 2019, 229: 795 – 805.

[13] Cadarso MÁ, Gómez N, López L A, et al. Quantifying Spanish tourism's carbon footprint: The contributions of residents and visitors: A longitudinal study [J]. Journal of Sustainable Tourism, 2015, 23(6): 922 – 946.

[14] 潘竟虎, 张永年. 中国能源碳足迹时空格局演化及脱钩效应 [J]. 地理学报, 2021, 76 (01): 206 – 222.

[15] 石敏俊，王妍，张卓颖，等. 中国各省区碳足迹与碳排放空间转移［J］. 地理学报，2012，67（10）：1327－1338.

[16] Wolfram P, Wiedmann T, Diesendorf M. Carbon footprint scenarios for renewable electricity in Australia［J］. Journal of Cleaner Production, 2016, 124: 236－245.

[17] 黄晓敏，陈长青，陈铭洲，等.2004—2013 年东北三省主要粮食作物生产碳足迹［J］. 应用生态学报，2016，27（10）：3307－3315. DOI:10.13287/j.1001－9332.201610.036.

[18] 樊杰，李平星，梁育填. 个人终端消费导向的碳足迹研究框架——支撑我国环境外交的碳排放研究新思路［J］. 地球科学进展，2010，25（01）：61－68.

[19] 丰霞，智瑞芝，董雪旺. 浙江省居民消费间接碳足迹测算及影响因素研究［J］. 生态经济，2018，34（03）：23－30.

[20] 张诚，周安，张志坚. 低碳经济下物流碳足迹动态预测研究——基于 2004—2012 年 30 省市面板数据［J］. 科技管理研究，2015，35（24）：211－215.

[21] 耿涌，董会娟，郗凤明，等. 应对气候变化的碳足迹研究综述［J］. 中国人口·资源与环境，2010，20（10）：6－12.

[22] 张清，郑丹，许宪硕. 中国能源碳足迹生态压力变动的因素分解研究［J］. 干旱区资源与环境，2015，29（04）：41－46.

[23] 朱向梅，王子莎. 中国碳足迹广度空间关联格局及影响因素研究［J］. 调研世界，2021（05）：38－48.

[24] Niccolucci V, Bastianoni S, Tiezzi E B P, Wackernagel M, Marchettini N. How deep is the footprint?A 3D representation［J］. Ecological Modelling, 2009, 220(20): 2819－2823.

[25] GuoLiping, LinErda. Research advance sonmitigating global warm and green house gasse questration［J］. Advancein Earth Sciences, 1999, 14(4): 384 390.［郭李萍，林而达. 减缓全球变暖与温室气体吸收汇研究进展［J］. 地球科学进展，1999，14（4）：384 390.］

[26] 王喜，鲁丰先，秦耀辰，等. 河南省碳源碳汇的时空变化研究［J］. 地理科学进展，2016，35（08）：941－951.

[27] 刘竹，逯非，朱碧青. 气候变化的应对中国的碳中和之路［M］. 郑州：河南科学技术出版社，2022.

[28] 杨元合，石岳，孙文娟，等. 中国及全球陆地生态系统碳源汇特征及其对碳中和的贡献［J］. 中国科学：生命科学，2022，52（04）：534－574.

[29] TAGESSON T, SCHURGERS G, HORION S, et al. Recent divergence in the contributions

of tropical and boreal forests to the terrestrial carbon sink [J]. Nature Ecology & Evolution, 2020, 4(2): 202－9.

［30］刘双娜，周涛，魏林艳，等. 中国森林植被的碳汇/源空间分布格局 [J]. 科学通报，2012，57（11）：943－950＋987.

［31］赵宁，周蕾，庄杰，等. 中国陆地生态系统碳源/汇整合分析 [J]. 生态学报，2021，41（19）：7648－7658.

［32］鲁丰先，张艳，秦耀辰，等. 中国省级区域碳源汇空间格局研究 [J]. 地理科学进展，2013，32（12）：1751－1759.

［33］陈帝伯，魏伟，周俊菊，等. 中国省域碳源/碳汇强度及碳盈亏的空间演变 [J]. 经济地理，2023，43（01）：159－168. DOI:10.15957/j.cnki.jjdl.2023.01.018.

［34］王烨，顾圣平. 2006—2015 年中国电力碳足迹及其生态压力分析 [J]. 环境科学学报，2018，38（12）：4873－4878.

［35］涂玮，刘钦普. 华东地区旅游碳排放与碳承载力关系研究 [J]. 生态经济，2021，37（11）：144－149＋155.

［36］康宽，陈景帅，郭沛. "双碳"目标下长江经济带城市碳足迹压力非均衡性研究 [J]. 长江流域资源与环境，2023，32（03）：537－547.

［37］陈义忠，乔友凤，姚澜，等. 城市集群土地利用碳足迹时空分异及响应特征 [J]. 环境科学与技术，2022，45（04）：227－236. DOI:10.19672/j.cnki.1003－6504.2528.21.338.

［38］常力月. 长江中游城市群碳压力、城镇化和产业结构耦合研究 [D]. 中国矿业大学（北京），2023. DOI:10.27624/d.cnki.gzkbu.2021.000145.

［39］Fu W., Luo M., Chen J., et al. Carbon footprint and carbon carrying capacity of vegetation in ecologically fragile areas: A case study of Yunnan [J]. Physics and Chemistry of the Earth, Parts A/B/C, 2020, 120, 102904.

［40］Cheng S., Fan W., Meng F., et al. Toward low-carbon development: Assessing emissions-reduction pressure among Chinese cities [J]. Journal of Environmental Management, 2020, 271, 111036.

［41］王晓霞，南灵. 基于 LMDI 模型的陕西省能源消费碳排放压力解耦分析 [J]. 生态与农村环境学报，2014，30（03）：311－316.

［42］孙丽文，王丹涪，杜娟，韩莹. 基于 LMDI 的中国工业能源碳足迹生态压力因素分解研究 [J]. 生态经济，2019，35（01）：13－18.

［43］ Peng D, Yi J, Chen A, et al. Factor decomposition for ecological pressure of the whole industrial energy carbon footprint: a case study of China［J］. Environmental Science and Pollution Research, 2023, 30(12): 33862－33876.

［44］ 宋梅，常力月，郝旭光. 长江中游城市群碳压力时空演化格局及驱动因素分析［J］. 环境经济研究，2021，6（02）：23－40. DOI:10.19511/j.cnki.jee.2021.02.003.

［45］ Liang D, Lu H, Guan Y, et al. Further mitigating carbon footprint pressure in urban agglomeration by enhancing the spatial clustering［J］. Journal of Environmental Management, 2023, 326: 116715.

［46］ Fan W, Huang S, Yu Y, et al. Decomposition and decoupling analysis of carbon footprint pressure in China's cities［J］. Journal of Cleaner Production, 2022, 372: 133792.

［47］ Chen J, Fan W, Li D, et al. Driving factors of global carbon footprint pressure: Based on vegetation carbon sequestration［J］. Applied Energy, 2020, 267: 114914.

［48］ 胡晓，冯乾彬，宫大庆，等. 技术进步偏向性对中国城市碳中和进程的作用机制［J］. 中国人口·资源与环境，2022，32（07）：91－103.

［49］ 马歆，薛天天，等. 环境规制约束下区域创新对碳压力水平的影响研究［J］. 管理学报，2019，16（01）：85－95.

［50］ Yang X., Yi S., Qu S., et al. Key transmission sectors of energy-water-carbon nexus pressures in Shanghai, China［J］. Journal of Cleaner Production, 2019, 225: 27－35.

［51］ 谢鸿宇，陈贤生，林凯荣，等. 基于碳循环的化石能源及电力生态足迹［J］. 生态学报，2008（04）：1729－1735.

［52］ Chen J., Li Z., Song M., et al. Decomposing the global carbon balance pressure index: evidence from 77 countries［J］. Environmental Science and Pollution Research, 2021, 28: 7016－7031.

［53］ Shan, Y., Guan, D., Zheng, H., et al. China CO_2 emission accounts 1997－2015［J］. Scientific Data 2018, 5, 170201.

［54］ Yuan, R., Zhao, T. Changes in CO_2 emissions from China's energy-intensive industries: a subsystem input-output decomposition analysis［J］. Journal of Cleaner Production, 2016, 117, 98－109.

［55］ Wu F., Huang N., Zhang F., et al. Analysis of the carbon emission reduction potential of China's key industries under the IPCC 2℃ and 1.5℃ limits［J］. Technological Forecasting and Social Change, 2020, 159, 120198.

［56］梁中，徐蓓. 中国省域碳压力空间分布及其重心迁移［J］. 经济地理，2017，37（2）：179－186.

［57］Huang Y, Yu Q, Wang R. (2021) Driving factors and decoupling effect of carbon footprint pressure in China: Based on net primary production［J］. Technol Forecast Soc Change 167: 120722.

［58］Shi K., Yu B, Zhou Y, Chen Y, Yang C, Chen Z, et al. (2019) Spatiotemporal Variations of CO_2 Emissions and Their Impact Factors in China: A Comparative Analysis between the Provincial and Prefectural Levels［J］. Appl Energy. 233－234, 170－181.

［59］Yu Cui, Sufyan Ullah Khan, Yue Deng, Minjuan Zhao. Regional difference decomposition and its spatiotemporal dynamic evolution of Chinese agricultural carbon emission: considering carbon sink effect［J］. Environmental Science and Pollution Research, 2021, 28(29).

［60］Zhu Z, Yu J, Luo J, Zhang H, Wu Q, Chen Y. (2022)A GDM-GTWR-Coupled Model for Spatiotemporal Heterogeneity Quantification of CO_2 Emissions: A Case of the Yangtze River Delta Urban Agglomeration from 2000 to 2017［J］. Atmosphere 13(8): 1195.

［61］Azimi M, Feng F, Yang Y. (2018)Air pollution inequality and its sources in SO_2 and NO_x emissions among Chinese provinces from 2006 to 2015［J］. Sustainability 10: 367.

［62］Shi C, Zeng X, Yu Q, Shen J, and Li A. (2021)Dynamic Evaluation and Spatiotemporal Evolution of China's Industrial Water Use Efficiency Considering Undesirable Output［J］. Environ Sci Pollut Res 28, 20839－20853.

［63］Cui Y, Khan SU, Deng Y, Zhao MJ. (2021)Regional difference decomposition and its spatiotemporal dynamic evolution of Chinese agricultural carbon emission: considering carbon sink effect［J］. Environ Sci Pollut Res 28(29): 1－20.

［64］Su H, Yang S. (2022)Spatio-Temporal Urban Land Green Use Efficiency under Carbon Emission Constraints in the Yellow River Basin, China［J］. INT J ENV RES PUB HE 19(19): 12700.

［65］李佛关，吴立军. 基于 LMDI 法对碳排放驱动因素的分解研究［J］. 统计与决策，2019，35（21）：101－104.

［66］Wang S., Zhu X., Song D., et al. Drivers of CO_2 emissions from power generation in China based on modified structural decomposition analysis [J]. Journal of Cleaner Production, 2019, 220: 1143 – 1155.

[67] Kaya Y. Impact of carbon dioxide emission control on GNP growth: Interpretation of proposed scenarios [R]. Paris: IPCC Energy and Industry Subgroup, Response Strategies Working Group, 1990.

[68] Huang N., Shen Z., Long S., et al. The empirical mode decomposition and the Hilbert spectrum for nonlinear and non-stationary time series analysis[J]. Proceedings of the Royal Society of London. Series A: Mathematical, Physical and Engineering Sciences, 1998, 454, 903 – 995.

[69] 张国兴，张振华，刘鹏，等. 我国碳排放增长率的运行机理及预测 [J]. 中国管理科学，2015，23（12）：86 – 93.

[70] Ang, B., Liu, F., Chew, E. Perfect decomposition techniques in energy and environmental analysis [J]. Energy Policy, 2003, 31, 1561 – 1566.

[71] Zheng H, Hu J, Guan R, et al. Examining determinants of CO_2 emissions in 73 cities in China [J]. Sustainability, 2016, 8(12): 1296.

[72] Zhang X., Lai K., Wang, S. A new approach for crude oil price analysis based on Empirical Mode Decomposition [J]. Energy Economics, 2008, 30, 905 – 918.

[73] Zhang X., Lai K., Wang, S. A new approach for crude oil price analysis based on Empirical Mode Decomposition [J]. Energy Economics, 2008, 30, 905 – 918.

[74] Du G., Sun C., Ouyang X., et al. A decomposition analysis of energy-related CO_2 emissions in Chinese six high-energy intensive industries [J]. Journal of Cleaner Production, 2018, 184: 1102 – 1112.

[75] Jin, B., Han, Y. Influencing factors and decoupling analysis of carbon emissions in China's manufacturing industry [J]. Environmental Science and Pollution Research, 2021, 28: 64719 – 64738.

[76] Liu D., Xiao B. Can China achieve its carbon emission peaking?A scenario analysis based on STIRPAT and system dynamics model [J]. Ecological Indicators, 2018, 93, 647 – 657.

[77] Anselin, L., 2001. Spatial Econometrics [J]. A Companion to Theoretical Econometrics 310330.

[78] Elhorst, J. P., 2014. Spatial Panel Data Models, Spatial Econometrics [J]. Springer, pp.

37－93.

［79］ de Freitas, L. C., Kaneko, S. Decomposing the decoupling of CO_2 emissions and economic growth in Brazil ［J］. Ecological Economics, 2011, 70, 1459－1469.

［80］ 渠慎宁，郭朝先. 基于 STIRPAT 模型的中国碳排放峰值预测研究 ［J］. 中国人口·资源与环境，2010，（20）：10－15.

［81］ 沈叶，刘中侠，邓翠翠，等. 工业部门低碳化驱动因素与脱钩路径分析——以安徽省为例 ［J］. 长江流域资源与环境，2022，31（12）：2597－2607.

［82］ Chen J, Fan W, Li D, et al. Driving factors of global carbon footprint pressure: Based on vegetation carbon sequestration ［J］. Applied Energy, 2020, 267: 114914.

［83］ Dong F., Zhu J., Li Y., et al. How green technology innovation affects carbon emission efficiency: evidence from developed countries proposing carbon neutrality targets ［J］. Environmental Science and Pollution Research, 2022, 29: 35780－35799.

［84］ 王馨康，任胜钢，李晓磊. 不同类型环境政策对我国区域碳排放的差异化影响研究［J］. 大连理工大学学报（社会科学版），2018，39（02）：55－64. DOI:10.19525/j.issn1008－407x.2018.02.009.

［85］ Kaifang Shi, Bailang Yu, Yuyu Zhou, Yun Chen, Chengshu Yang, Zuoqi Chen, Jianping Wu. Spatiotemporal variations of CO_2 emissions and their impact factors in China: A comparative analysis between the provincial and prefectural levels ［J］. Applied Energy, 2019, 233－234.

［86］ Fang G., Wang L., Gao Z., et al. How to advance China's carbon emission peak?— A comparative analysis of energy transition in China and the USA［J］. Environmental Science and Pollution Research., 2022, 29: 71487－71501.

［87］ Chen, X., Shuai, C., Wu, Y., et al. Analysis on the carbon emission peaks of China's industrial, building, transport, and agricultural sectors ［J］. Science of The Total Environment, 2020, 709, 135768.

［88］ 林伯强，蒋竺均. 中国二氧化碳的环境库兹涅茨曲线预测及影响因素分析 ［J］. 管理世界，2009，No. 187（04）：27－36.

［89］ de Myttenaere A., Golden B., Le Grand B., et al. Mean Absolute Percentage Error for regression models ［J］. Neurocomputing, 2016, 192, 38－48.

［90］ Lu C., Li W., Gao S. Driving determinants and prospective prediction simulations on carbon emissions peak for China's heavy chemical industry [J]. Journal of Cleaner Production, 2020, 251, 119642.

[91] Song L., Zhou X. How does industrial policy affect manufacturing carbon emission? Evidence from Chinese provincial sub-sectoral data [J]. Environmental Science and Pollution Research, 2021, 28: 61608−61622.

[92] 尹伟华. "十四五"时期我国产业结构变动特征及趋势展望 [J]. 中国物价, 2021, No. 389(09): 3−6.

[93] Han X., Jiao J., Liu L., et al. China's energy demand and carbon dioxide emissions: do carbon emission reduction paths matter? [J]. Nature Hazards, 2017, 86: 1333−1345.

[94] Wang Q., Su M. A preliminary assessment of the impact of COVID-19 on environment-A case study of China [J]. Science of The Total Environment, 2020, 728, 138915.

[95] Wang Q., Wang S., Jiang X. Preventing a rebound in carbon intensity post-COVID-19-lessons learned from the change in carbon intensity before and after the 2008 financial crisis [J]. Sustainable Production and Consumption, 2021, 27: 1841−1856.

[96] 吴滨, 高洪玮, 张芳. 有色金属行业节能减排成效及碳达峰思路研究 [J]. 国土资源科技管理, 2022, 39(01): 1−8.

[97] Huang H, Zhou J.(2022) Study on the Spatial and Temporal Differentiation Pattern of Carbon Emission and Carbon Compensation in China's Provincial Areas [J]. Sustainability, 2022, 14(13): 7627.

[98] Zhang T, Yu W, Shen D.(2022) Evaluating environmental outcome and process-adaptivity of regional collaboration: An empirical study from China [J]. J ENVIRON MANAGE 319: 115773.

[99] Wang J, Liu A.(2022) Scenario Analysis of Energy-Related CO_2 Emissions from Current Policies: A Case Study of Guangdong Province [J]. Sustainability 14(14): 8903.

[100] 陈小龙, 狄乾斌, 侯智文, 梁晨露. 海洋碳汇研究进展及展望 [J]. 资源科学, 2023, 45(08): 1619−1633.

[101] 李姿莹, 董雨瑞, 白洋. 海洋碳汇生态产品市场化实现路径及制度构建 [J]. 江南论坛, 2023, (06): 49−53.

[102] 深耕蓝色国土 探索海洋碳汇潜力 [J]. 中国新闻发布(实务版), 2023(06): 23−25.

[103] 古佳玮. 森林碳汇与树种固碳能力研究进展 [J]. 现代园艺, 2023, 46(01): 26−29.

［104］王兴昌，王传宽. 森林生态系统碳循环的基本概念和野外测定方法评述［J］. 生态学报，2015，35（13）：4241－4256.

［105］黎明，孔凡婕，许策，等. 土壤碳汇的相关概念辨析与定位［J］. 低碳世界，2022，12（11）：4－6. DOI:10.16844/j.cnki.cn10－1007/tk.2022.11.066.

［106］徐丽，于贵瑞，何念鹏. 1980s-2010s 中国陆地生态系统土壤碳储量的变化［J］. 地理学报，2018，73（11）：2150－2167.

［107］于娜. 金融压力对宏观经济的动态影响研究［D］. 吉林大学，2022. DOI:10.27162/d.cnki.gjlin.2021.003742.

［108］张浩然. 金融压力指数构建及市场风险溢出效应研究［D］. 江西财经大学，2023. DOI:10.27175/d.cnki.gjxcu.2023.000781.